书籍装帧设计

江敏华 编著

清華大學出版社
北京

内容简介

本书是一本专门介绍与书籍装帧设计相关知识的学习工具书，全书共7章，主要包括书籍装帧设计基础入门和制作流程、书籍装帧色彩应用、书籍装帧版式和图文设计、书籍装帧各部位设计要素和分类设计赏析等几部分。本书主体内容采用“基础理论+案例鉴赏”的方式讲解，书中提供了类型丰富的书籍装帧设计案例，如文学小说类、艺术美学类、儿童绘本类和经管营销类等。图文搭配的内容编排方式可以帮助读者更好地理解书籍装帧的设计思路，并将相关知识应用于实践。

本书适合学习装帧设计、插画设计、平面设计的读者作为入门级教材，也可以作为大中专院校艺术设计类相关专业的教材或艺术设计培训机构的教学用书。此外，本书还可以作为书籍装帧设计师、平面设计师、包装设计师、美编及艺术爱好者岗前培训、扩展阅读、案例培训、实战设计的参考用书。

图书在版编目(CIP)数据

书籍装帧设计 / 江敏华编著. —北京：清华大学出版社，2022.9
ISBN 978-7-302-60776-2

Ⅰ. ①书… Ⅱ. ①江… Ⅲ. ①书籍装帧—设计 Ⅳ. ①TS881

中国版本图书馆CIP数据核字（2022）第076064号

责任编辑：李玉萍
封面设计：王晓武
责任校对：张彦彬
责任印制：曹婉颖

出版发行：清华大学出版社
网　　址：http://www.tup.com.cn，http://www.wqbook.com
地　　址：北京清华大学学研大厦A座　　邮　　编：100084
社 总 机：010-83470000　　邮　　购：010-62786544
投稿与读者服务：010-62776969，c-service@tup.tsinghua.edu.cn
质量反馈：010-62772015，zhiliang@tup.tsinghua.edu.cn

印 装 者：涿州汇美亿浓印刷有限公司
经　　销：全国新华书店
开　　本：185mm×260mm　　印　　张：14　　字　　数：224千字
版　　次：2022年10月第1版　　印　　次：2022年10月第1次印刷
定　　价：69.80元

产品编号：090649-01

编写原因

书籍是传播文化知识的主要载体。在市场经济条件下，一本书想要获得读者的青睐，就需要将其使用价值、审美价值通过精美的装帧设计来吸引读者。书籍的装帧设计是一个系统工程，涉及开本、封面、印刷工艺等环节的设计和考量，设计者在设计时需要将各个环节有机结合起来，让书籍的内容与装帧构成和谐的统一体。

本书内容

本书共7章，从书籍装帧基础入门与制作流程、书籍装帧中的色彩应用、版式与图文设计、各部位设计要素、分类设计赏析这5个方面讲解了与书籍装帧设计相关的基础知识，各部分的具体内容如下所述。

部　分	章　节	内　容
入门与制作流程	第1～第2章	该部分是对书籍装帧设计知识的基本介绍，包括装帧设计必知常识、装帧设计的基本原则和装帧的设计流程等内容。
色彩应用	第3章	该部分介绍了书籍装帧设计中的色彩要素，包括色彩知识快速入门、色彩的应用、如何合理应用色彩、色彩搭配技巧等内容，以便读者对书籍装帧的色彩应用有较深入的认识。
版式和图文设计	第4～第5章	该部分主要介绍了版式设计、文字设计和插图设计3方面内容，包括版式设计的基本概念、版式设计的基本要求、图文在书籍设计中的影响、文字的应用、插图的应用等内容。
各部位设计要素	第6章	该部分主要介绍书籍装帧各部位的设计要求，包括书籍的必备部件和可选部件两部分，涉及封面、封底、书脊、腰封和目录等设计内容。
分类设计赏析	第7章	该部分是书籍装帧设计分类赏析部分，精选了不同类别的书籍装帧案例，包括文学名著、诗歌与散文、视觉设计类、儿童绘本书和板线、杂志等。

怎么学习

内容上——实用为主，涉及面广

本书由浅入深地讲解了书籍装帧设计的基础知识，并从基础知识和制作流程入手，先让读者对书籍装帧有基本的认识，然后分别介绍了色彩、图形、文字三大设计要素，最后是关于书籍各个部件和整体设计的内容，使读者对书籍装帧的设计要素有清晰明确的认知。

结构上——版块设计，案例丰富

本书特别注重板块化的编排形式，每个板块的内容均有案例配图展示和设计解析。案例配图都是高质量的清晰图片，案例的选择也很多样化，选取了文学名著、小说、儿童绘本、金融理财、期刊等类型的书籍装帧案例。在对大案例进行分析时，从装帧设计的不同角度解析了案例的精彩之处，力争使读者能从中学到书籍装帧的设计技巧和构思创意。

视觉上——配图精美，阅读轻松

本书无论是案例配图还是欣赏配图都是优秀的书籍装帧作品，这些作品在色彩、图形、文字和工艺设计等方面都有可借鉴之处，每一个案例都值得读者欣赏和思考，并通过欣赏各类优秀的案例，认识书籍装帧的设计思路，树立起良好的审美观，提升书籍装帧的能力。

读者对象

本书适合学习装帧设计、插画设计、平面设计的读者作为入门级教材，也可以作为大中专院校艺术设计类相关专业的教材或艺术设计培训机构的教学用书。此外，本书还可以作为书籍装帧设计师、平面设计师、包装设计师、美编及艺术爱好者岗前培训、扩展阅读、案例培训、实战设计的参考用书。

本书服务

本书额外附赠了丰富的学习资源，包括本书配套课件、相关图书参考课件、相关软件自学视频，以及海量图片素材等。本书赠送的资源均以二维码形式提供，读者可以使用手机扫描右方的二维码下载使用。由于编者水平有限，加之时间仓促，书中难免会有疏漏和不足，恳请专家和读者不吝赐教。

编　者

2022年3月

CONTENTS

目录

第1章 书籍装帧设计基础入门

第2章 书籍装帧制作流程详解

第3章 书籍装帧中的色彩应用

第4章 书籍装帧中的版式设计

第5章 书籍装帧中的文字与插图

第6章 书籍装帧各部位设计要素

第7章 书籍装帧分类设计赏析

第 1 章

书籍装帧设计基础入门

学习目标

要想制作出优秀出彩的书籍装帧作品，首先需要了解一些书籍装帧设计的必备常识和一些基本原则，这些知识能使我们更宏观地了解这门学科。除此之外，了解基本的书籍装帧设计软件也能帮助我们更顺利地入门。

赏析要点

书籍的常见类型
书籍的开本与印张
书籍的组成结构
书籍装帧设计的功能性
书籍装帧设计的艺术性
书籍装帧设计的和谐性
书籍装帧设计的统一性
专业图书排版软件

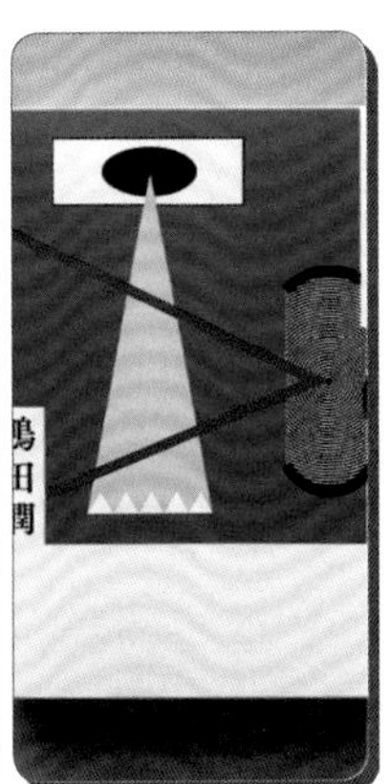

1.1 书籍装帧设计必备常识

著名作家、翻译家、出版家胡愈之先生曾说过：一本好书的思想内容、文字插图、标点行格、排版样式、封面装帧都配合得很恰当，书的内容和形式要能求得一致，表达出一本书的独特风格，这样才真正算得一本好书。

可见，书籍装帧需要从尺寸、材料、工艺和设计构思等方面进行综合研究。

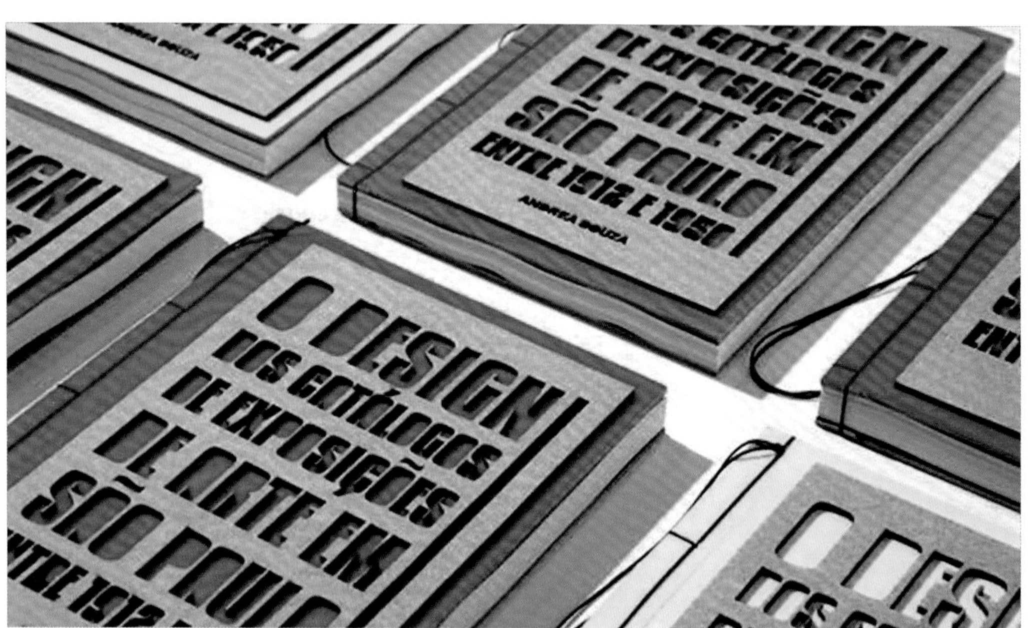

1.1.1 书籍的常见类型

要想做好书籍装帧设计工作，首先需要明确将要着手设计制作的这本书属于哪种类别，应该从什么样的风格着手做整体规划。文学类、科学类、经济管理类、儿童类等不同的内容决定了设计风格的不同，甚至书籍大小、材质都会受类别的影响。

1. 文学类书籍

文学类书籍需要根据其内容特点选择清新秀丽或者诡异神秘等符合作者文风的设计风格，并且需要紧扣“文学”这一大类别进行设计。如下面这些文学类书籍的装帧设计作品，能够让受众一眼看出其“书卷气”。

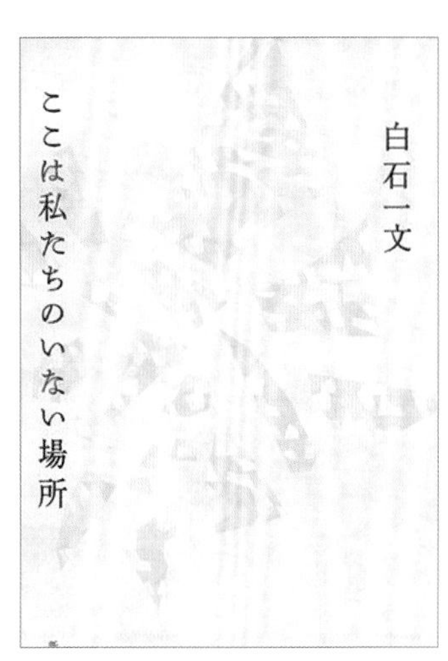

2. 科普类书籍

每种书籍都有自己特定的读者，因此在装帧设计中必然会运用符合受众群体审美情趣的设计元素。

例如，普类书籍在设计上就要突出科技感或者现代感、神秘感等内涵，其风格可以是端庄严谨，也可以有提炼的科普形象，以便帮助读者从装帧设计中体会作者的意图。下面就通过几个小例子帮助大家体会这种设计理念，更详细的举例分析将在后文中进行。

CMYK 9.4,73,38,0	RGB 234,103,121	CMYK 59,71,8.8,0	RGB 132,92,162
CMYK 0,0,0,0	RGB 255,255,255	CMYK 26,6.5,72,0	RGB 211,221,96

○ 思路赏析

第一本书通过形象的人体点明主题《曲线学》；第二本采取了大量的留白以及形象的插图，让中间的主体元素《神经病学》更加突出；第三本通过抽象的方式展示了心脏病学专家的著作。

○ 配色赏析

这套书画面整体以红色、绿色、白色为主，在大面积的色块中点缀少量蓝紫色，由颜色起到点睛的作用。降低明度与纯度的红色与绿色既醒目又不会刺眼，让画面显得简约、干净。

○ 设计思考

这套书的装帧设计在封面中通过系列配色和相仿的插图风格形成了一个统一的整体，又通过符合书本内容的针对性插图进行学科细分类的区分，既和谐又各有特色，同时点明了科学类主题。

色块	CMYK	RGB
	CMYK 0,0,0,100	RGB 0,0,0
	CMYK 56,7,34,0	RGB 120,196,186
	CMYK 22,94,42,0	RGB 210,37,100
	CMYK 9,7,84,0	RGB 250,234,33

上图是一本儿童科学益智游戏书，设计师用了鲜艳明亮的色彩与可爱的字体，并将儿童化的科学物品插图形象作为点缀，获得了和谐的效果。

色块	CMYK	RGB
	CMYK 0,0,0,100	RGB 0,0,0
	CMYK 12,95,100,0	RGB 227,35,20
	CMYK 6,16,88,0	RGB 254,220,0
	CMYK 0,0,0,0	RGB 255,255,255

○ 同类赏析

上图是英国DK科普出版社的一本关于心理学的著作。画面中将一些书籍相关内容以插图的形式直接展示，配色也给人一种严肃、紧张感。

○ 其他欣赏 ○　　**○ 其他欣赏 ○**　　**○ 其他欣赏 ○**

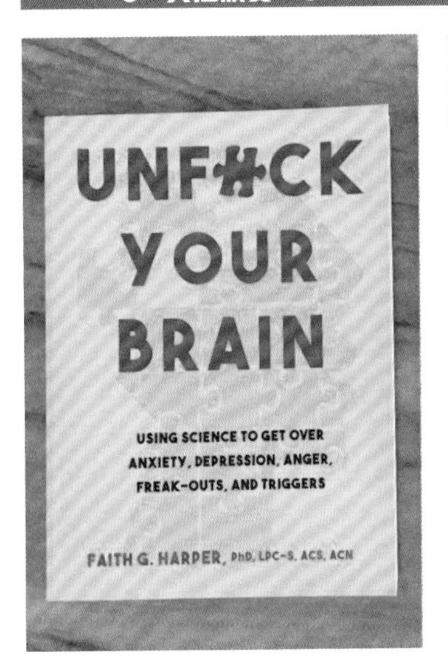

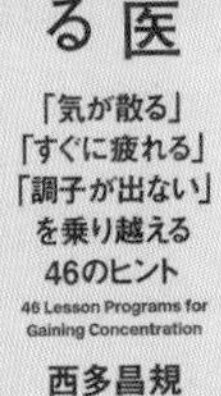

3. 经济管理类书籍

经济管理类书籍包括财务、审计、人力资源管理、市场营销、旅游管理、电子商务、信息管理与信息系统等多种分支，其装帧设计具有共同的特点，例如严谨感、科技感、商务感等。如下图所示的图书封面中，蓝色、白色、蓝绿色之间的不同搭配，给人一种冷静、专业的感觉，结合棱角分明的字体更是能体现出商务人士的专业感。

4. 儿童类书籍

儿童类书籍包括绘本、儿童文学、儿童科普等类别。虽然具体内容可能各不相同，但通常都具有一个共同点，就是拥有童趣，能够吸引儿童的注意力。比如灵动的构图和活泼鲜亮的色彩，歪歪扭扭儿童化的文字等，如下图所示。

1.1.2 书籍的开本与印张

开本与印张是决定书籍大小、厚度的书籍出版术语。

1. 开本

所谓开本，是指一张全开纸经过折裁后成品图书幅面的规格大小。通常，我们需要根据书本的类型与内容的多少决定开本大小，一般书籍常用32开，16开多用于杂志或内容很多的科普书籍，中小型的口袋畅销书或连环画常用64开。

例如：787mm×1092mm 1/32——前者是表示纸张大小，后者表示32开。常见开本数据和不同书籍开本的示意图如下所示。

纸张规格/mm	开本	图书成品尺寸/mm
787×1092	1/16	185×260
	1/32	130×185
787×960	1/16	170×228
850×1168	1/16	205×279
	1/32	140×203
880×1230	1/32	145×209

2. 印张

印张是指印这本书需要多少纸张。因为一张纸可以两面印，所以两个印张才算一张全张。一千印张等于五百张会张全张纸，被称为一令纸。

在做书籍装帧设计时，设计师需要对书本的印张与开本有一个整体的把握，因为这会涉及纸张材质的选择、封面画面布局等各个环节的确定。

1.1.3 书籍的组成结构

书籍的装帧设计包括封面、封底、扉页、书脊和版权页等内容，如下图所示。设计师需要对书的结构心中有数，这样才能做好后续的装帧工作。

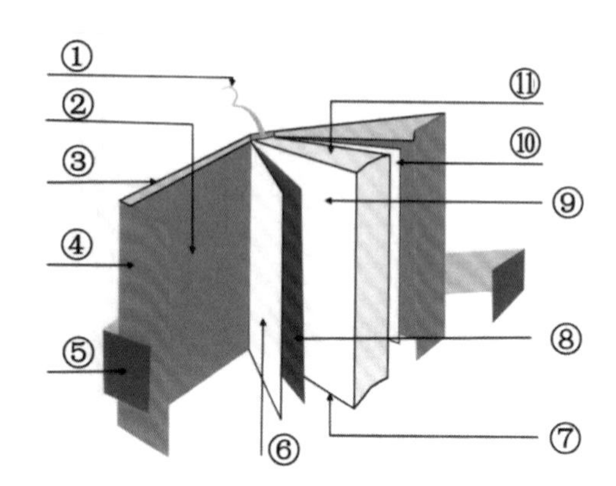

- **封面**：又被称为“封一”或“封皮”，封面一般印有书名、作者（包括译者、编著者、校订者）和出版社名称，能够保护和装饰书籍。
- **封底**：又被称为“封四”，是书的最后一面，与封面相连。封底通常印有书号和定价，或者一些内容简介与推荐语。
- **①书签带**：内置于书籍之中用来作为书签的带子。
- **②封里**：又被称为“封二”，即封面里边的空白页。
- **③护封**：又被称为“外包封”，指图书封面外的包封纸。通常印有书名和装饰性图案，在增加图书美观度的同时又能起到保护封面的作用。
- **④勒口**：是是指书籍封皮的延长内折部分，一般以封面封底宽度的1/3 ~ 1/2为宜。勒口能起到保护封面的作用，通常会印作者的相片与简介（见下图左）。
- **⑤腰封**：也被称为“书腰纸”，是包裹在图书封面中部的一条装饰性纸带，其宽度不定，一般为图书封面高度的1/3左右。腰封通常会使用较为牢固的纸张进行制作，其上通常会印制装饰性图案或广告语，以增强封面的设计表达效果（见下图右）。
- **⑥、⑩环衬**：环衬是封面后、封底前的空白页，其目的是保护书芯不脏损，并且加强书封壳与书芯的牢固连接。环衬有不印内容的素环衬，也有印有绘画、图案、题字、书名等的花环衬，后者可以增强全书的艺术性，强化图书的主题内容。

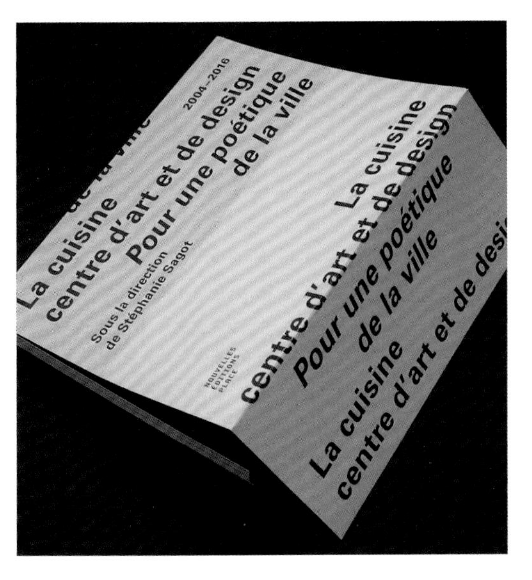

- **⑦下切口**：切口又称书口，是指书页（线装书除外）除订口边以外的其他3边（对精装书是指书芯的3个边），下切口其实就是书根（也叫书底）。
- **⑧夹衬**：作用等同环衬。
- **⑨扉页**：是指衬纸之后印有书名、作者名的单张页，有些书刊将衬纸和扉页印在一起装订称为扉衬页，也叫筒子页。
- **⑪上切口**：指书顶，当读者在翻书时其实一直都能看到书的切口，因此切口的设计理应是书籍整体设计的重要组成部分，可以通过渗入、裁切等方法配合书籍特点进行整体设计。
- **书脊**：也被称为“书背”，指书刊封面、封底连接的部分，相当于书芯厚度。除较薄的骑马装订书刊外，一般都印有书名、作者、出版单位名称等。

1.1.4 书籍的装帧形式

书籍的装帧形式各不相同，有卷轴装、旋风装、经折装、蝴蝶装、线装、包背装、简装和精装等。其中，卷轴装、旋风装、经折装、蝴蝶装和线装是较为传统的图书装订形式，适用于古籍或复古典籍。

- **卷轴装**：中国古装书装订形式之一。即将纸张粘连成长幅，用木或金、玉、牙、瓷等制成轴，从左向右卷成一束。起源于汉代，盛行于隋唐时期（见下图左）。

◆ **旋风装**：起源于唐代，也被称为“龙鳞装”。它用长纸作底，首页全裱穿于卷首，自次页起，鳞次向左裱贴于底卷上，可起到保护书页、便于阅读的作用（见下图中）。

◆ **经折装**：是在卷轴装的形式上改造而来的，即将纸粘接成长条，再反复折叠即可成书。经折装因最初用于经书而得名（见下图右）。

◆ **蝴蝶装**：蝴蝶装始于唐末五代，盛行于宋、元，就是将印有文字的纸面朝里对折，再以中缝为准，把所有页码对齐，用糨糊粘贴在另一包背纸上，然后裁齐成书。因形状似翩飞蝴蝶而得名。在现代书籍装帧设计中也常有蝴蝶装的运用（见下图左、中）。

◆ **线装**：线装是我国传统装订法，装订时将印页依中缝折正，使书口对齐，书前后加封面、打眼穿线即成。线装书适用于不太厚的软封书籍。锁线可分为四、六、八针订法，不包书脊，若书籍需特别保护，可在书脊两角处包上绫锦，即包角（见下图右）。

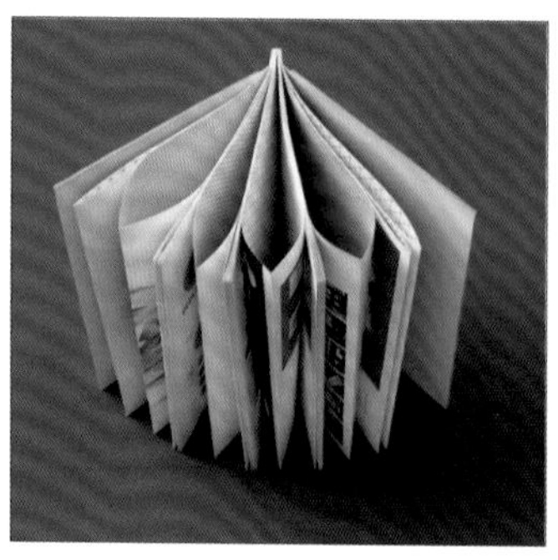

◆ **包背装**：与蝴蝶装相似，区别在于它是对折页的文字面朝外，背向相对。两页版心的折口在书口处，所有折好的书页叠在一起，用一张稍大于书页的纸贴书背，从封面包到书脊和封底，然后裁齐余边即可。

◆ **平装**：也称为简装。简装书籍有锁线钉装订形式，即内页纸张双面印，大纸折页后把每个印张于书脊处戳齐，骑马锁线，装上护封后，除书籍以外3边裁齐便可成书。这种方法成本较高，但牢固，适合较厚书籍或重点书籍。还有一种更方便快捷的无线胶钉装订形式，先裁齐书脊，然后上胶粘合，牢固性稍差，适合较薄书籍或普通书籍。

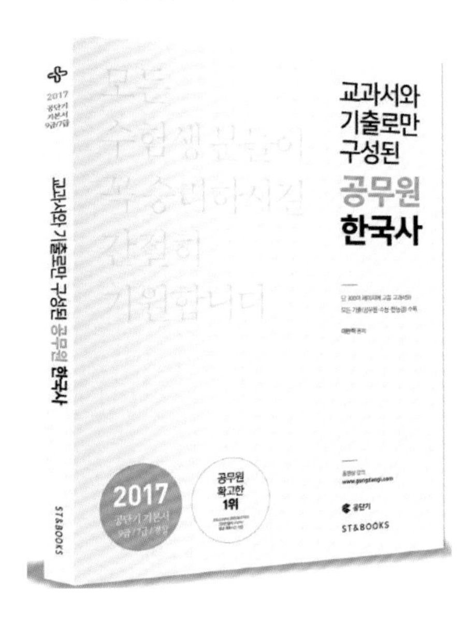

◆ **精装**：即精致装订的书，护封用材厚重而坚硬，封面和封底分别与书籍首尾页相粘，护封书脊与书页书脊多不相粘，以便翻阅时不致总是牵动内页。精装书的书脊有平脊和圆脊之分，平脊（见下图左）多采用硬纸板做护封的里衬，形状平整。圆脊（见下图中）多用牛皮纸、革等较韧性的材质做书脊的里衬，以便起弧。封面与书脊间还要压槽、起脊，以便打开封面。精装书制作工艺复杂，设计要求特别（见下图右），印制精美，便于长久使用和保存，因此常用于比较经典的贵价书籍。

1.2 书籍装帧设计的基本原则

书籍装帧设计是为书籍内容服务的，因此在进行“外包装”设计时要遵循一些基本原则，例如该设计是否能满足图书的功能性，设计形式是否在具备艺术性的同时与图书内容和谐统一等。

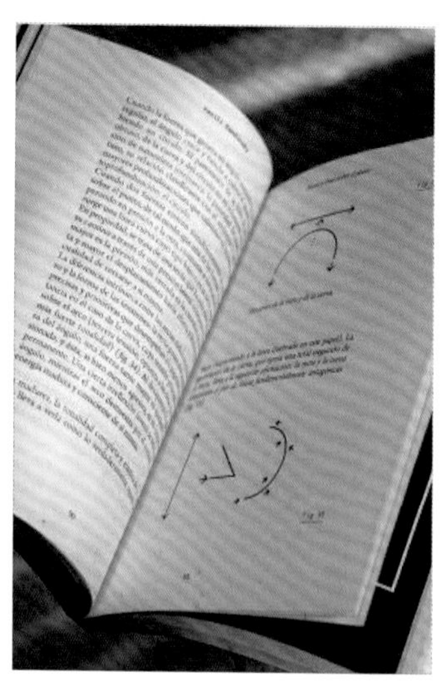

1.2.1 书籍装帧设计的功能性

书籍装帧设计是设计作品中一个较为特殊的类别，它首先需要满足书籍的实际使用价值，之后才能考虑艺术性的表达，设计从属于书籍的实用功能。

视觉上文字、图片要便于阅读，触觉上要方便翻看与收藏，同时还要满足书籍这种文化商品易于传播的特点。

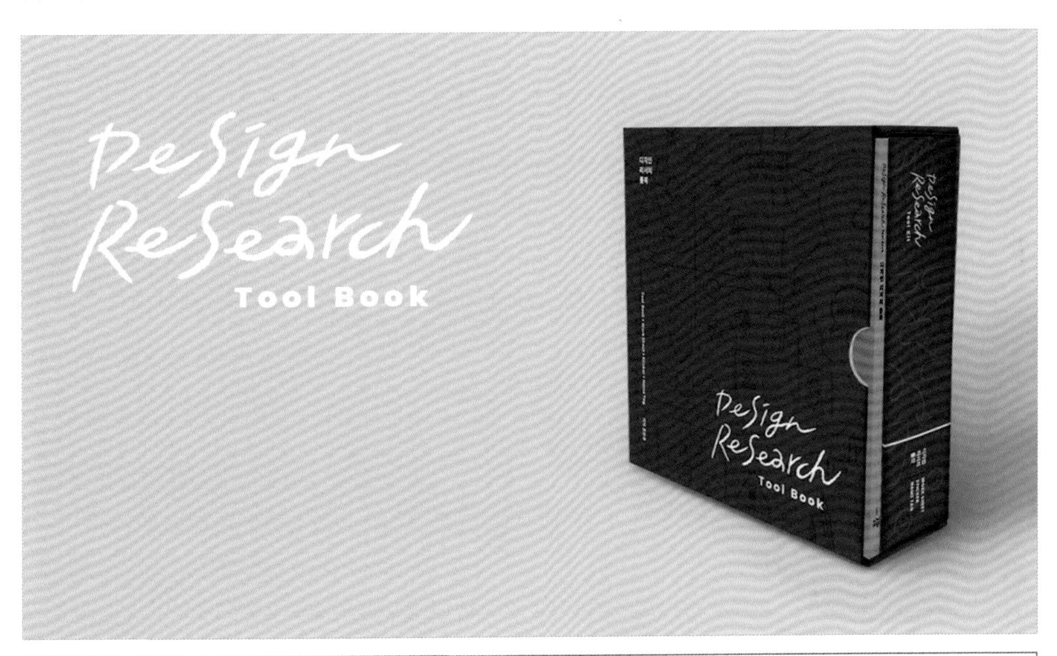

CMYK 91,59,70,24	RGB 1,82,76	CMYK 93,74,53,17	RGB 24,70,94
CMYK 0,0,0,0	RGB 255,255,255	CMYK 6,63,41,0	RGB 241,129,125

○ 思路赏析

这是一套关于设计研究的工具书，全书采用精装礼盒装帧，因其工具书的性质，礼盒封面没有进行花哨设计，采取了大色块与暗纹搭配的方式，通过留白设计，突出了书名主题与典雅感。

○ 配色赏析

画面整体以墨绿与深蓝为主，带有一种学术的简约风气质。图中花纹以略深或略浅的暗纹形式展现，有画龙点睛之感，白色的灵动字体与整体配色相搭配非常和谐。

○ 设计思考

本套书籍由多本小册子构成，采用盒装设计保证了读者收藏的便利性，以典雅的颜色呼应了内容的格调，飘逸的字体又点明了其设计内核，因而成为一部非常棒的作品。

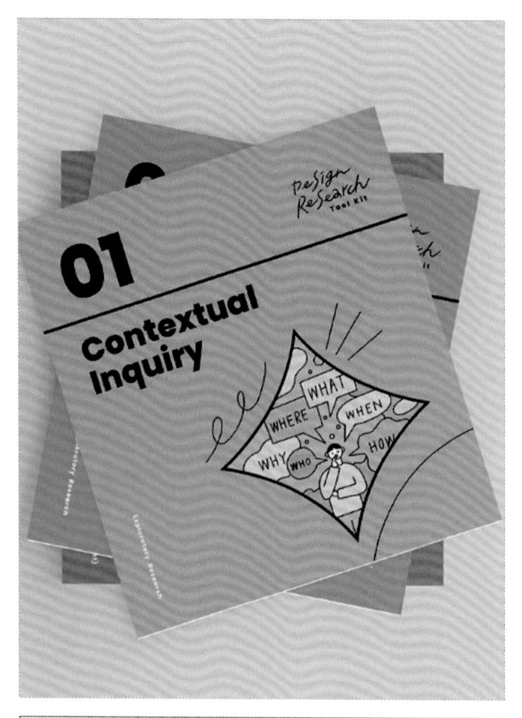

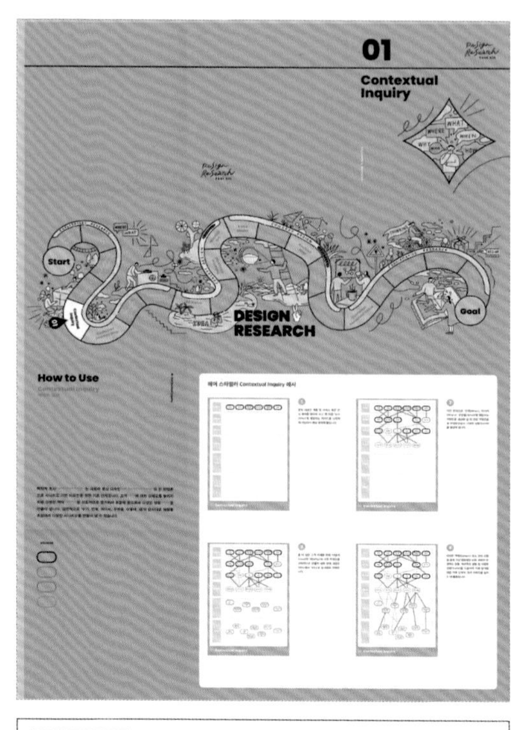

	CMYK	0,0,0,100	RGB	0,0,0
	CMYK	38,29,53,0	RGB	175,174,130
	CMYK	15,25,37,0	RGB	225,199,164
	CMYK	12,15,49,0	RGB	237,220,148

	CMYK	0,0,0,100	RGB	0,0,0
	CMYK	38,29,53,0	RGB	175,174,130
	CMYK	15,25,37,0	RGB	225,199,164
	CMYK	0,0,0,0	RGB	255,255,255

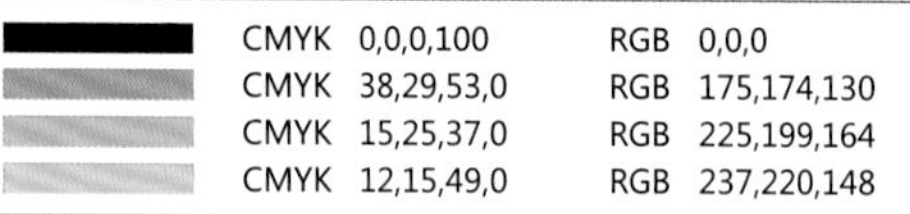

同类赏析

书籍装帧设计要与书本主题相呼应，本册书介绍的是语境研究。因此配色使用灰绿与黑色搭配，配图点明了主题，又以一点点浅红、浅黄搭配。

同类赏析

这本折叠装的小册子，设计时其内页与封面采用了统一的颜色，需要详细展示图例时则以白色为底，使内容更清晰可辨。

其他欣赏　**其他欣赏**　**其他欣赏**

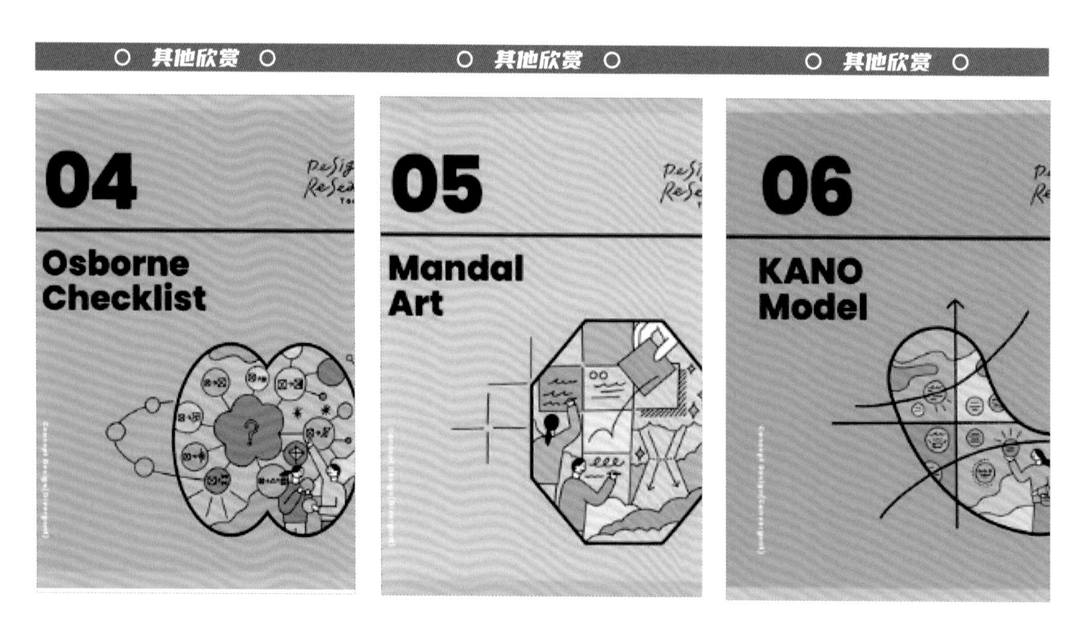

1.2.2 书籍装帧设计的艺术性

书籍装帧需要满足文化传播的功能性需求，在此基础上，优秀的、契合书籍主题的、具有艺术性的装帧设计，不仅能对书籍起保护作用，还能给读者美的享受，从而让读者更愿意购买并阅读书籍。

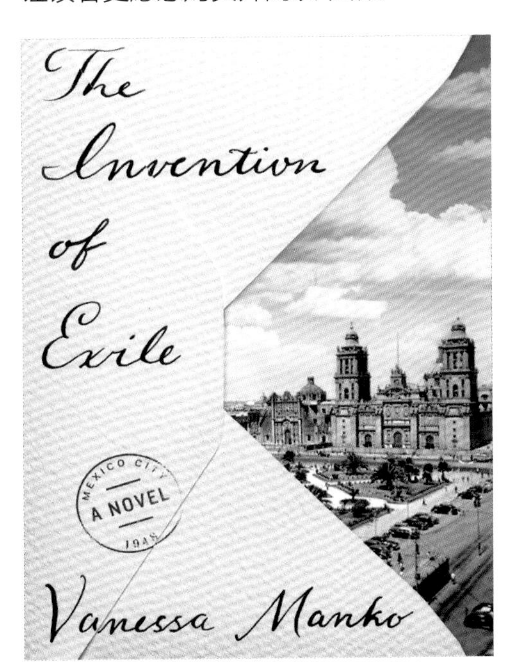

○ 思路赏析

这是一本小说的封面，其设计模仿信封的艺术形式，左侧用花体字装饰，右侧风景又点明了故事发生地点，整体极具美感。

○ 配色赏析

大面积皮粉色搭配黑色字体很醒目，右侧黄棕色调建筑与之同色系搭配和谐，又以天空蓝点缀提亮。

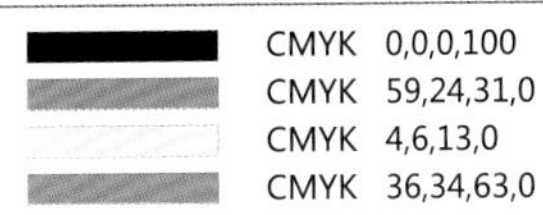

	CMYK		RGB
CMYK	0,0,0,100	RGB	0,0,0
CMYK	59,24,31,0	RGB	118,168,175
CMYK	4,6,13,0	RGB	249,243,227
CMYK	36,34,63,0	RGB	181,166,109

○ 设计思考

书籍装帧设计需要设计者对书籍的内容、作者风格等方面有一定的了解，之后才能在表达艺术性的同时做到与书籍主题互相呼应。

○ 同类赏析

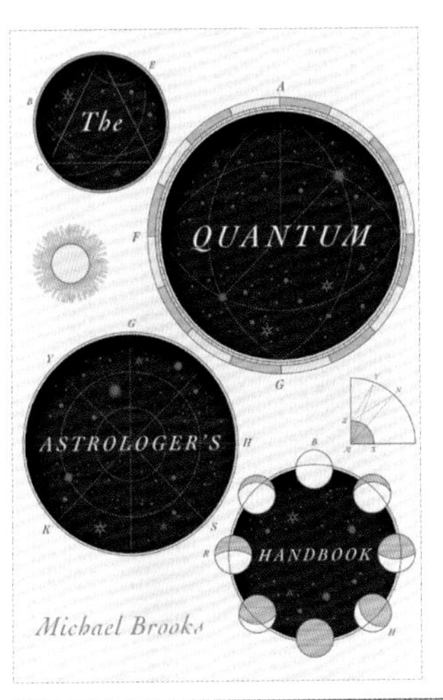

◀左图为一本量子占星术手册的封面，星空、星盘的配图与书籍内容相得益彰，配色以雅致的浅粉和神秘的黑色搭配，很巧妙地契合了主题。

右图为一本儿童读物的封面，插图▶采用了灵动、自由的水彩画风格，配色在鲜亮中又带有统一协调感，怀抱地球的女性温柔恬静，这一切都很符合儿童的喜好。

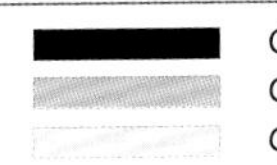

	CMYK		RGB
CMYK	0,0,0,100	RGB	0,0,0
CMYK	33,10,24,0	RGB	184,210,201
CMYK	2,8,17,0	RGB	252,240,218

	CMYK		RGB
CMYK	51,0,11,0	RGB	120,219,242
CMYK	77,96,1,0	RGB	97,35,146
CMYK	18,77,16,0	RGB	219,90,147
CMYK	23,29,75,0	RGB	214,185,81

1.2.3 书籍装帧设计的和谐性

书籍装帧设计时其设计风格一定要和书本内容相符，只有和谐统一的设计与内容互相呼应，读者在阅读时才不会产生割裂感。

设计者需要站在作者与读者的立场去思考，从配色、配图和字体等多方面综合规划，尽可能地让读者一望便知这是什么书，随手翻开浏览一二便知其主题内容。

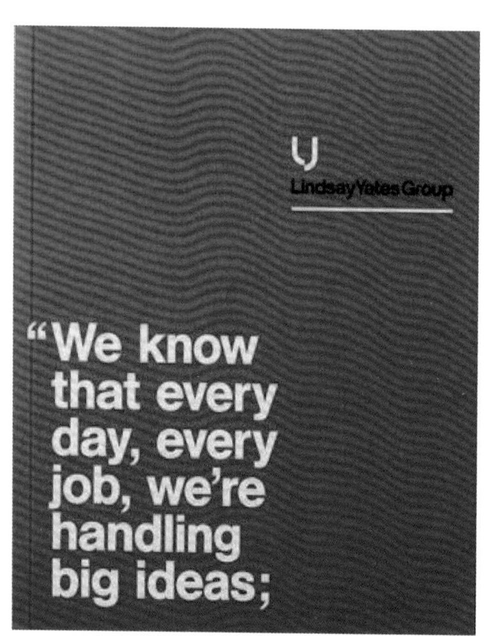

○ 思路赏析

这是一本关于管理思维和创意的书，书封没有任何配图，只有粗体的文字展示出内容概要，以这种大量留白的设计形式直切要点，突出主题。

○ 配色赏析

这本书的主体配色只有两种，浓烈的红色给人一种重要、紧张的感觉，白色字体突出主题，同时缓解紧张氛围，最后点缀些许黑色提升设计感。

CMYK	RGB
CMYK 3,90,85,0	RGB 242,52,38
CMYK 0,0,0,100	RGB 0,0,0
CMYK 0,0,0,0	RGB 255,255,255

○ 设计思考

设计师根据图书主题挑选了最契合的色彩，然后将其与简洁硬朗的字体融合在一起，化繁为简，达到了设计与内容的和谐统一。

○ 同类赏析

◀左图为该书的夹衬，直接使用了与封面类似的元素，红底搭配白色印刷字体，达到了整体设计与内容的和谐统一。

右图是该书的内页，黑底白字的简单搭配，看起来有一种商务的严肃感。搭配一点红色的分割线，让画面显得更加生动，同时也呼应封面和内衬的红色。▶

CMYK	RGB
CMYK 0,0,0,100	RGB 0,0,0
CMYK 45,100,100,16	RGB 149,18,23
CMYK 11,94,95,0	RGB 230,38,27
CMYK 0,0,0,0	RGB 255,255,255

CMYK	RGB
CMYK 0,0,0,100	RGB 0,0,0
CMYK 3,90,85,0	RGB 242,52,38
CMYK 0,0,0,0	RGB 255,255,255

1.2.4 书籍装帧设计的统一性

书籍装帧不仅需要书本内容与设计风格的和谐统一，设计过程中还要使书籍的局部与整体和谐统一，以及使文字、图形、色调风格和谐统一。当书籍装帧中的封面与封底、护封与扉页等各个元素能够前后呼应时，它们就构成了统一的整体，能够让读者在阅读时感受到一种融洽的形式美。

	CMYK	RGB
	CMYK 0,0,0,100	RGB 0,0,0
	CMYK 13,28,38,0	RGB 230,196,161
	CMYK 0,0,0,0	RGB 255,255,255
	CMYK 15,73,68,0	RGB 223,102,75

○ 思路赏析

这是一本关于艺术与生活的小清新日文书籍。本书在装帧设计上秉承了书籍内容的生活化风格，从颜色到字体的选择，以及插图的应用都体现出了文艺的气息。

○ 配色赏析

配色采用了大面积的白色底色与黑色文字相搭配，体现了一种静谧的文艺感，腰封以暖色调的黄粉色为底，橘红色的插图与文字点缀其上，增添了温馨的感觉。

○ 结构赏析

这本书的护封以白色为底，采用了大量的留白和间距比较宽的黑色文字标题，流露出了一种隽永的艺术感。下方衬以腰封，使书籍封面避免出现寡淡或轻飘飘的感觉。

○ 设计思考

这本书的装帧设计看似内容简单，设计元素不多，但整体和谐统一，色块之间轻重协调，从色系、文字到构图都表达出了统一的清新之感。

○ 同类赏析

该腰封内侧的插图与外侧相同，都采取了暖橙色的漫画风格，这种点缀很好地体现了书籍的亲和力内核。

	CMYK		RGB	
	CMYK	0,0,0,0	RGB	255,255,255
	CMYK	32,45,53,11	RGB	190,151,120
	CMYK	40,77,83,3	RGB	172,85,57

○ 同类赏析

打开护封之后可以看到封面其实是深棕色的，配以简单的白色文字，简约中流露出隽永之感。

	CMYK		RGB	
	CMYK	0,0,0,0	RGB	255,255,255
	CMYK	32,45,53,11	RGB	190,151,120
	CMYK	40,77,83,3	RGB	172,85,57
	CMYK	68,84,90,61	RGB	56,27,19

○ 同类赏析

翻开腰封，可以看到在该白色护封的封底右上角印有黑色的出版信息，左下角对称位有一幅同系列的漫画作为点缀。

	CMYK		RGB	
	CMYK	0,0,0,0	RGB	255,255,255
	CMYK	32,45,53,11	RGB	190,151,120
	CMYK	0,0,0,100	RGB	0,0,0

○ 同类赏析

打开书页可以看到书中插图使用了灰色的夹衬，插图是降低了饱和度的灰棕色，这种设计让书籍的文艺感达到了统一。

	CMYK		RGB	
	CMYK	0,0,0,0	RGB	255,255,255
	CMYK	32,45,53,11	RGB	190,151,120
	CMYK	59,49,44,0	RGB	123,127,130
	CMYK	69,66,66,20	RGB	91,82,77

1.3 书籍装帧设计常用软件

书籍装帧设计在操作时需要通过计算机软件进行布局、排版或图片处理，哪怕使用的是手绘封面，也需要扫描进计算机中进行调整与文字编排。因此，从事书籍装帧设计工作的从业者需要熟练使用一些计算机软件，下面就挑选几款最常用的软件进行简要介绍。

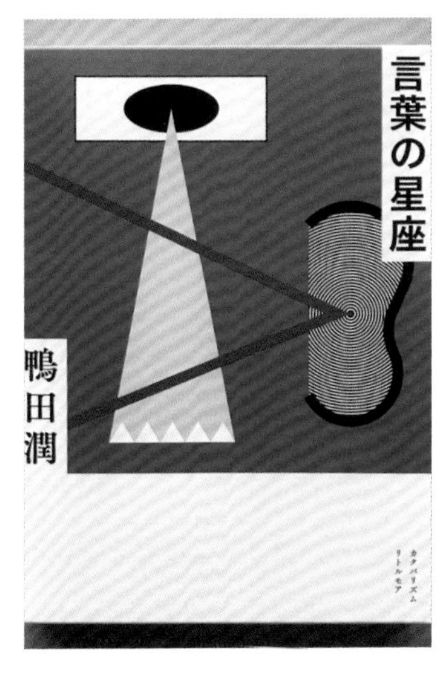

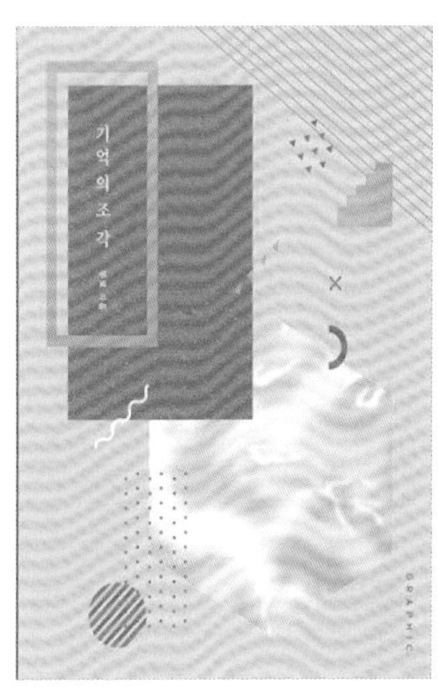

1.3.1 最强大的图像处理软件

由Adobe公司开发和发行的图像处理软件Adobe Photoshop，简称“PS”，是一款非常强大的图像处理软件，它是每个设计师的必备工具，主要用来处理以像素所构成的数字图像。

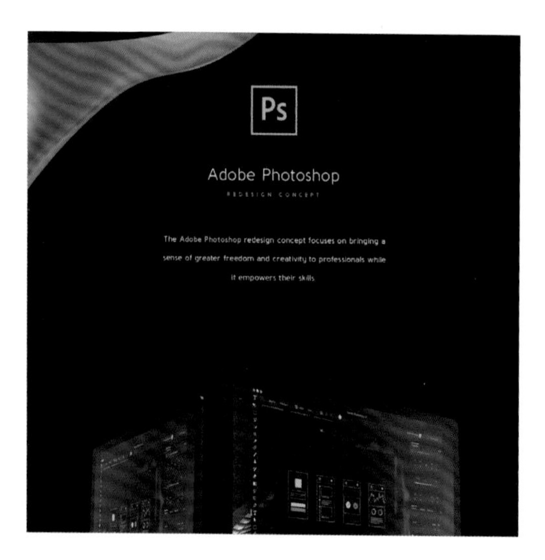

1.3.2 矢量图形绘制软件

Adobe公司的Illustrator（见左图），加拿大Corel公司的CorelDRAW（见右图）都是矢量图形处理软件，能够绘制矢量图形。矢量软件与PS结合使用，能进行各种图片的编辑工作。

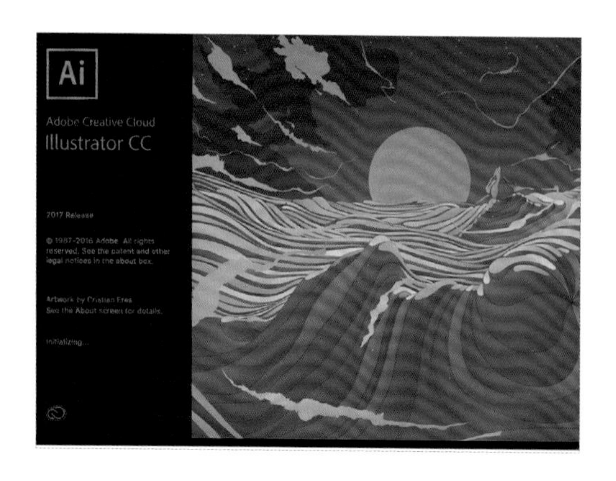

- Illustrator：这是一款功能非常强大的矢量图形处理软件，广泛应用于印刷出版、海报设计、书籍排版、插画绘制和互联网页面的制作等多个领域。
- CorelDRAW：这个软件提供了矢量图形绘制、页面排版设计、网站制作、位图编辑和网页动画等多种功能，图书装帧设计者可以直接在CorelDRAW中排版，然后分色输出。

1.3.3 专业图书排版软件

在进行图书装帧设计时有可能还需要设计图书内页的排版规划，这时可以使用专业的图文排版软件进行图书排版。早先，人们常使用操作简便的PageMaker软件，它可以基本满足制版、印刷等需求。之后，因为该软件的核心技术较为陈旧，收购它的Adobe不再进行软件更新，又推出了更新后更强大的 InDesign 软件。

使用 InDesign 软件可以进行精确专业的图文排版设计，以获得美观的显示效果。

1.3.4 其他设计辅助软件

还有一些功能强大、简单易学的图片处理软件也拥有众多使用者，例如Adobe公司的Lightroom软件（见左图）能够批量管理照片以及修图（见右图），摄影师或产品图片较多的网商常使用这种软件处理图片。还有可进行图像后期调色或修饰处理的Snapseed；简单易上手的拼图软件；能迅速制作艺术照的光影魔术手等，都可以作为书籍装帧设计师的辅助设计软件使用。

第2章

书籍装帧制作流程详解

学习目标

无论何种书籍，其装帧都有一定的设计制作流程，包括了设计构思、选择工艺、后期设计的装订设计。设计流程环环相扣，每个环节都会影响书籍装帧的最终效果。因此，遵循设计流程是很重要的。优秀的装帧设计能大大提升书籍的整体价值。

赏析要点

书籍装帧的设计准备
书籍装帧的设计要求
书籍装帧的设计语言
开本设计
纸张材料
书籍印刷工艺
后期工艺设计
书籍装订的种类
选择合适的装订形式

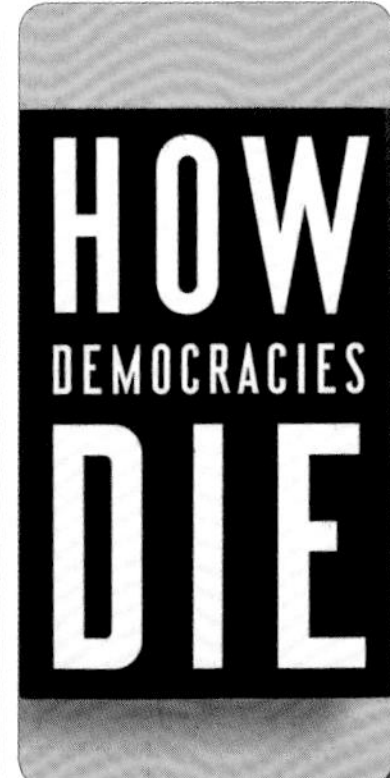

2.1 书籍装帧的设计流程

掌握完整的书籍装帧设计流程，对书籍成品的最终呈现具有重要意义。设计师不仅要了解书籍的结构风格，还要明确书籍的构成和审美要求。书籍装帧设计一般要经过三大流程，包括设计准备、明确设计要求和确立设计语言。在这一系列过程中，每一步都至关重要。

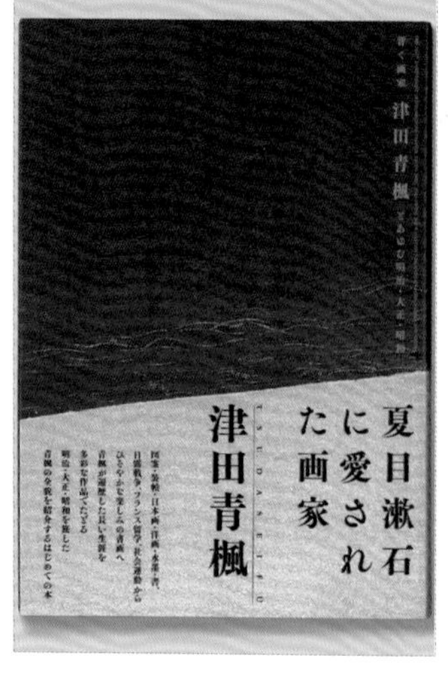

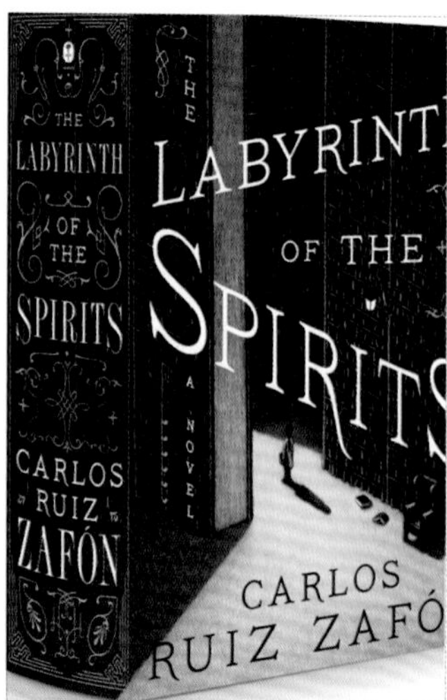

2.1.1 书籍装帧的设计准备

书籍装帧设计不仅要表现出一定的视觉美感，还要发挥信息沟通的作用，让书籍充分吸引读者的眼球。不同风格、体裁的书籍，装帧设计所用的材料、装订形式、排版方式都会有所差异。在进行设计前，要充分做好准备工作。

在开始书籍装帧设计前，首先要明确书名、书稿内容、书稿特色和作者风格等信息，并同编辑、作者深入交流，了解书籍的选题策划思路、针对的读者人群以及作者对书稿的看法等。

- **书名**：书名的重要性不言而喻，它概括了一本书的核心，常常也明确了书籍的定位。在封面设计中，书名是要展示的第一要素，封面中的其他信息元素都要围绕书名来设计。设计师只有充分了解书名的来源、含义后，才能设计出与书名相协调的书籍封面。下图所示的书籍封面，在构图方式上突出了书名，而配图和用色也与书名高度和谐，体现了书籍的特色。

- **书稿内容**：书籍装载的就是书稿内容。如按书稿的内容来分，可分为小说、人文社科、教育、经济、管理和科普等多种类型，设计师除了可以通过内容简介、阅读书稿来了解一本书，还可以与编辑、作者交流，更深入地了解书稿要点、中心思想，这些信息可以帮助设计师更好地进行书籍装帧设计。下列书籍的封面文字都充分体现了书稿内容，左图为 *The Incredible Journey of Plants*，右图为 The

PAST IS RED，是一本短篇小说集。

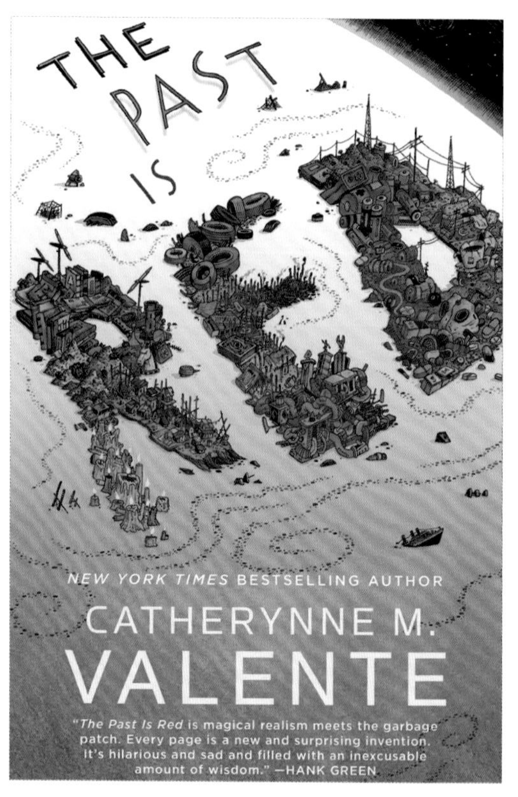

◆ **书稿特色**：设计师不是书稿的直接写作者，对书稿的了解没有作者和编辑深刻，而一本书的特色往往是书籍重要的卖点。因此，设计师有必要在装帧设计前向作者和编辑了解书稿亮点和特色，让装帧设计能充分表达书稿亮点。下图是 *Botanical Inspiration*（《植物灵感》）书籍的封面和内页，其装订方式、设计版式充分反映了书稿的内容和特色。

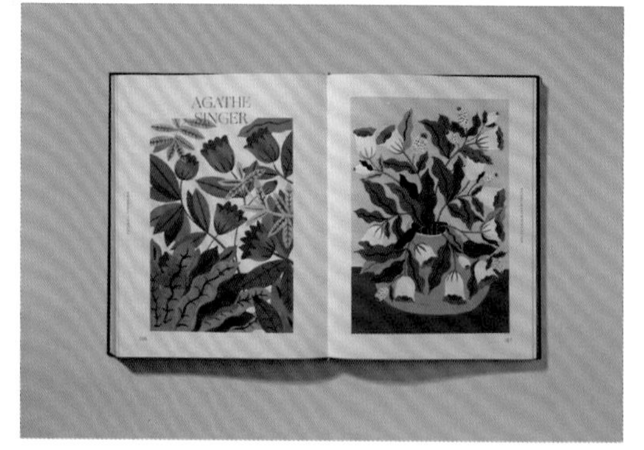

◆ **作者风格**：作者风格决定了书籍的创作风格，如果作者个性独特，书籍的装帧设

计也可以新奇独特；如果作者个性沉稳、儒雅，书籍的装帧设计也可以体现端庄、稳重的气质。部分书籍为突出作者本人，还会在书籍封面放置作者的照片，这类书籍的装帧设计更要体现出作者的气质。下图的书籍都使用了作者的肖像照作为主图。左图是一本美食食谱，右图是一本传记回忆录。

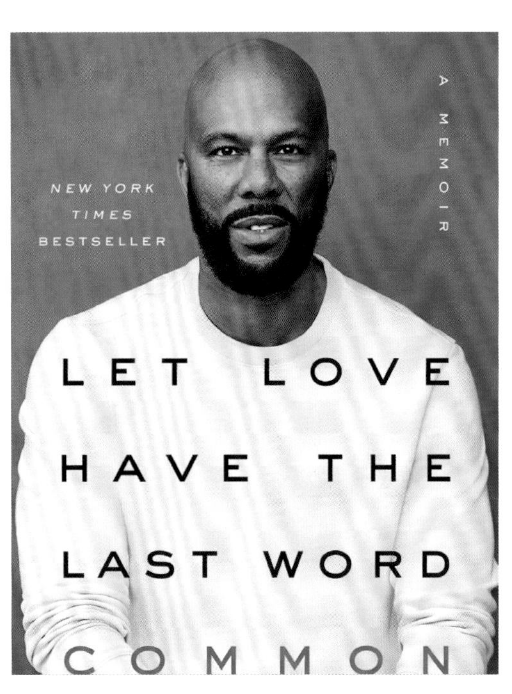

◆ **读者人群**：书籍面对的读者人群不同，其设计风格也会不同，如儿童启蒙教育类图书，就要让书籍的装帧设计符合儿童的审美要求，而艺术类图书要体现艺术特色。下图为两本儿童书籍的封面。

2.1.2 书籍装帧的设计要求

一般书籍本身就有一定的设计要求，而基于每本书的特色，部分书籍还有一些特殊的要求。在进行装帧设计前，有必要详尽了解书籍的装帧要求，这样才能避免做无用功。书籍装帧设计要注意以下要求。

1. 规范合理

面对不同题材的书稿，在进行装帧设计时，首先要确保装帧设计规范合理，便于读者阅读。装帧设计的规范合理性要从两方面来体现，包括形态设计和内容形式。

形态设计指书籍的开本、装订样式、装帧工艺材料、封面用纸和书芯用纸等设计元素，应确保书籍的设计形态规范合理，符合相关标准规范，如《图书和其他出版物的书脊规则》《图书书名页》和《图书和杂志开本及其幅面尺寸》等标准。从市面上的书籍也可以看出，不同类型的书籍采用的开本、装订样式都会不同。下列书籍的形态设计就有很大的区别。

内容由图片、色彩、文字和图表等要素组合而成，书籍装帧设计首先要满足基本的内容设计规范，其次才是体现形式美法则。如中文书刊要遵循出版物文字规范，包括汉字使用规范、标点符号用法、汉语拼音拼写法规范等，期刊还有《期刊编排格式》要求。如下所述为图书装帧设计的部分设计规范要求。

- 单本书的封面主题要突出，套书的封面应风格统一。
- 书籍厚度大于或等于5mm的图书及其他出版物应设计书脊，书脊名称要与封面、书名页上的名称一致，排印要醒目、清晰、整齐。
- 图书正文前要载有完整书名信息的书页，包括主书名页和附书名页，书名包括正书名、并列书名及其他书名信息。

◆ 全书正文版式要规范统一，字体字号、图表、书眉、插图等的设计都要符合书籍类别、内容规范的要求。

2. 编辑与作者的设计期望

编辑和作者对书籍的装帧设计也有一定的期望，设计师要与编辑和作者充分沟通，了解他们对装帧设计的风格、样式有哪些特别的要求，在此基础上让书籍装帧设计揭示书稿的内容或属性，让版式体现形式美法则。下列书籍的外部装帧设计符合基本要求规范，图文设计也能给读者留下深刻印象。

2.1.3 书籍装帧的设计语言

书籍装帧设计既具有承载内容、保护、装饰的实用功能，还具有传递书稿特质、揭示书籍内容的信息功能，在书籍装帧设计中，文字、图形、色彩都是设计语言，三者联系紧密，共同影响着书籍装帧的整体效果。

◆ 文字

文字是直观的设计语言，封面和正文文字都能起到信息传递的作用。文字的编排设计会影响内容信息阅读的舒适度，给人以不同的视觉感受。好的文字版式设计能够提高读者的阅读兴趣，相反，差的文字版式设计会降低读者的阅读兴趣。

不管是封面文字还是正文文字，都要遵循协调有序、便于阅读的原则，让文字信息的传递清晰、明确，避免文字排版给人带来视觉混合感，造成阅读障碍。

文字的编排还要根据读者群、图书内容、用途来灵活设计，如针对中老年人的书籍，字体可以稍大些；针对儿童的读物，可以选择更富有趣味的字体，让文字编排更符合读者人群的视觉习惯。下列杂志封面和内页文字的编排既美观又有层次感，能够让阅读变得更轻松。

◆ 图形

图形也是一种视觉语言，相较于文字，它更具有视觉冲击力，是能直观地传达信息的语言。在封面和正文中，运用恰当的图形更能准确传达要表达的信息和情感。如科技类书籍可以运用一些代表高科技、前沿技术的图形；人物传记类书籍可以将主角的肖像照融入封面中；摄影类书籍可以直接选取优秀的摄影作品作为封面图；文学艺术类的书籍可以利用图形来表达深刻的寓意。下列书籍封面都运用图形来体现书籍主题，左图使用了具象图形，右图使用了抽象图形。

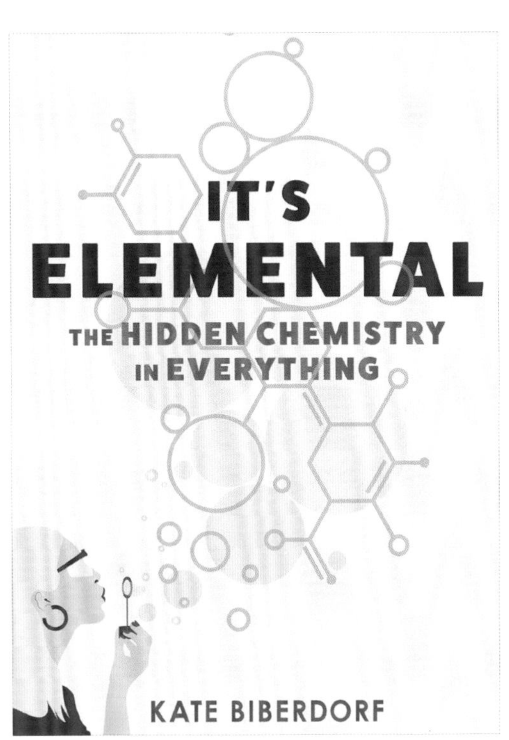

◆ 色彩

色彩具有很强的视觉冲击力，不仅能美化书籍内容，还能影响读者的心理情感，给人一种兴奋、欢乐、寒冷和恐怖等不同的心理感受。设计师要灵活运用色彩，让书籍装帧设计色彩更加符合书籍受众群体，体现书籍特性。下列书籍内页色彩舒适柔和，不会让人产生视觉疲劳感。

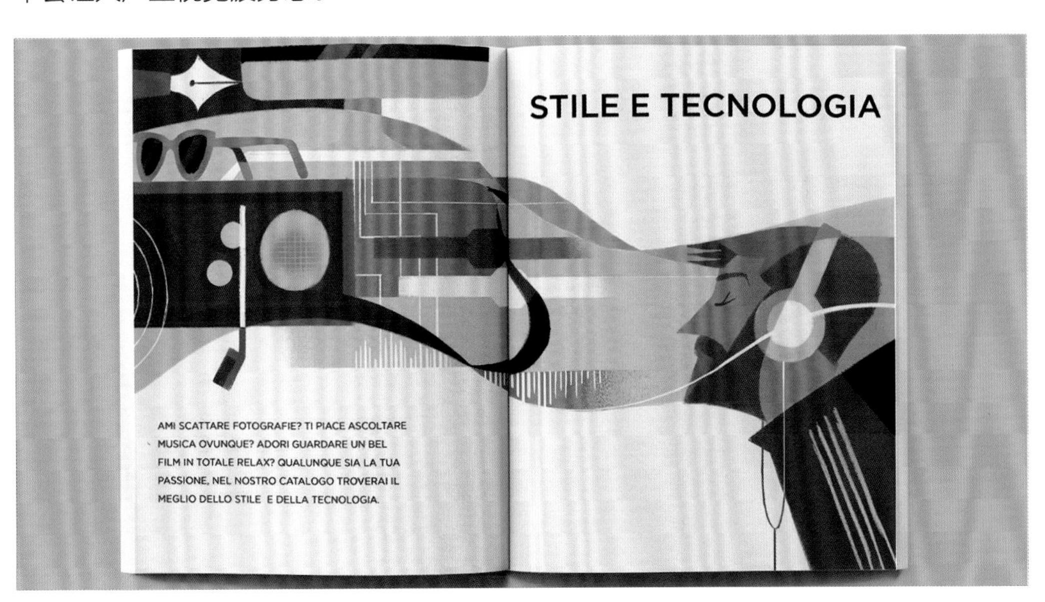

2.2 书籍的印刷工艺选择

书籍装帧设计还涉及印刷工艺选择的问题，包括开本尺寸的选择、纸张材料的选择和油墨色彩的选用，这是在印前就需要确定好的三大工艺。这三大工艺的选择也会影响印刷物最终的呈现效果，在选择印刷工艺时，既要考虑实用性，又要考虑美观性，合适的印刷工艺可以增强读者对书籍的好感度。

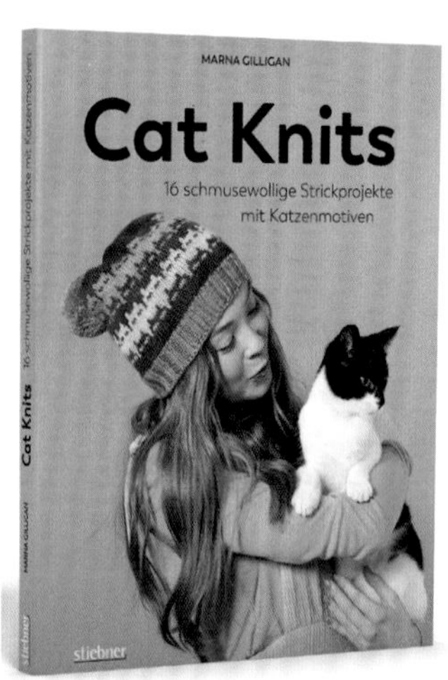

2.2.1 开本设计

开本尺寸要在装帧设计前就确定好，它决定了一本书的大小。不同类型的书籍，选用的开本也会不同，如儿童读物常采用正方形、28开本；文字内容较多的小说，多为32开本、36开本等；诗集、散文集常用细长的小开本；词典、字典有32开本、36开本和64开本等。下列为两种不同开本尺寸的书籍。

常见的印刷正文纸有787mm×1092mm和889mm×1194mm等规格，由于787mm×1092mm规格的正度纸与国际标准不统一，正逐渐被淘汰，读者可通过《图书和杂志开本及其幅面尺寸》了解一般书籍适用的开本。将正度纸对折裁开可以得到两张2（对）开纸，再将2（对）开纸对折裁开，可得到4开纸，以此类推可以得到8开纸、16开纸等。

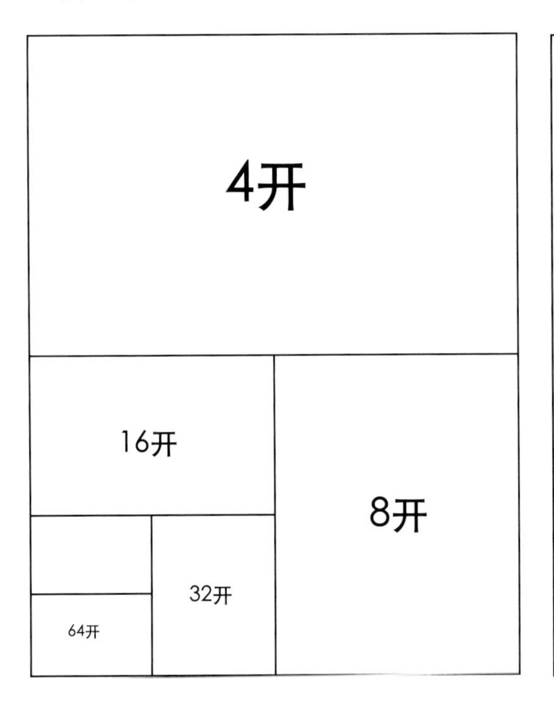

对开

纸张有不同的开切方法，包括几何级数开切法、直线开切法和横纵混合开切法等，可根据书籍的设计需求来选择。上图为几何级数开切法，以2的n次方作为开切数，优点在于美观、经济，这种开切方法最为常用。

根据书籍开本的尺寸大小，可分为大型开本、中型开本、小型开本和异形开本。如画册、作品集、杂志就常用大型开本，这样可以使图表、作品得到清晰展示。16~32开的中型开本适用范围广，可用于小说、人文社科等各类书籍。

40开以下为小型开本，工具书、手册常用此开本。部分书籍为增加趣味性或者方便排版会采用异形开本。下列杂志的文字内容较多，开本尺寸也较大。

CULTURA

Texto Ingrid Luisa | Design e Analização Yasmin Ayumi | Ilustração Doki Rosi | Edição Ana Carolina Leonardi

A diplomacia do K-POP

Há vinte anos, muita gente mal sabia apontar a Coreia do Sul no mapa. Mas o investimento pesado na indústria musical transformou a imagem do país – e fez do K-Pop uma poderosa ferramenta política.

EM JUNHO DESTE ANO, logo depois da reunião do G20 no Japão, Donald Trump deu um pulo na Coreia do Sul para uma visita diplomática. Foi recebido pelo presidente Moon Jae-in – e por uma boy band.

Os integrantes do grupo EXO, de pop coreano, presentearam a família Trump com CDs autografados e selfies. A escolha não foi aleatória: Ivanka Trump e o korean pop são velhos conhecidos. O governo do pai dela dialoga principalmente com homens de meia-idade – sobra para Ivanka a tarefa de se conectar com os jovens eleitores, principalmente as mulheres. E milhões delas prestam atenção quando o assunto é K-Pop.

Para a Coreia, a situação não podia ser melhor. Afinal, os artistas do EXO representam exatamente a imagem que o país quer mostrar ao mundo: de sucesso, beleza e modernidade.

Em quase todos os países, fãs se juntam para aprender coreografias e decorar letras de música em coreano. Parece estranho? Não é muito diferente do que os jovens faziam com o inglês desde a época dos Beatles. Os ídolos ainda têm cabelo tigelinha, mas esbanjam roupas e madeixas coloridas, bastante maquiagem e passos de dança elaborados.

O conjunto de apelo visual e sonoro faz parte do espetáculo que é o pop coreano, indústria que elevou a Coreia do Sul de 30º para 6º maior mercado mundial de música. A ascensão do k-pop, porém, é um fenômeno menos espontâneo do que parece. Já são quase 20 anos desde que a Coreia decidiu injetar em sua indústria cultural grandes doses de investimento, estratégia e, como eles gostam de dizer, "trabalho duro". Até porque, mais que apenas entretenimento, o K-Pop nasceu para vender a Coreia do Sul. E, para entender o que isso significa, precisamos voltar à história desse pequeno país peninsular.

Rebranding da nação

Embora a história do povo coreano tenha lá seus 5 mil anos, foi apenas no século 20 que eles começaram a ter contato com o Ocidente. Antes disso, o país era quase uma nação feudal com grande influência chinesa, e passou 200 anos sendo oficialmente um "império vassalo", tendo que prestar contas a Pequim. Nessa época, a Coreia absorveu o budismo e os ensinamentos confucionistas, que pregam a busca pelo conhecimento e o eterno aperfeiçoamento pessoal, até hoje onipresentes na sociedade coreana.

O panorama político começou a mudar em 1910. O país foi dominado pelo Japão e passou 35 anos como colônia ocupada pelo vizinho. Teve seu idioma proibido e sua cultura reprimida – o que só foi

66 SUPER NOVEMBRO 2019

NOVEMBRO 2019 SUPER 67

在确定书籍的开本时，要考虑以下几个因素。

- **阅读的便利性**：要从便利阅读的角度来设计开本，如工具书、手册为便于读者携带，要采用小型开本，而要清晰展示插图、细节的书籍，宜使用大型开本。
- **书籍的题材**：根据书籍的题材和内容来选择开本，一般的社科、经管、自然科学类图书，多用16开；摄影、书画、绘图类图书，则可根据作品的具体情况来设计开本，看哪种开本更适合呈现内容；知识类小册子可采用36开、64开等。
- **读者对象**：选择开本时，还要考虑读者对象。不同的读者人群，其阅读习惯是不同的，针对老年人的书籍，宜使用较大的开本；面向学生群体的教辅书、工具书也适合用大开本；而以女性群体为主要读者对象的书籍，则适合选用32开本，以让书籍更显文艺精致。

2.2.2 纸张材料

恰当的纸张材料更能吸引读者。纸张的种类有很多，书籍装帧常用的纸张材料有以下几种。

- **凸版纸**：凸版纸是采用凸版印刷书籍、杂志时的主要用纸，这类纸张有一定的抗水性且吸墨均匀，能够很好地适应印刷需求。科普杂志、大中专教材、重要著作等常用凸版纸印刷。
- **新闻纸**：这种纸又被称为白报纸，此类纸张吸墨性能好，有一定的弹性，能很好地保证墨迹的清晰度。但这类纸存放久了容易发黄变脆，常用作报纸、期刊、课本以及其他期限较短的书籍的印刷。
- **铜版纸**：铜版纸又称印刷涂布纸，纸张表面摸起来很光滑，有良好的吸墨性能，抗水性也较高。铜版纸常用于彩色印刷，书籍封面以及高档画册、书刊、漫画内页就常用这类纸张印刷。
- **胶版纸**：胶版纸旧称“道林纸”，有单面和双面两种类型。纸张表面平滑度好，抗水性能强，应用范围广，贺卡、画册、包装盒、书籍等都可以使用。
- **轻型纸**：这种纸张手感轻，价格低廉，印刷适应性好，常用于书籍内页印刷，一些页码较多，为便于读者携带的书籍就常用轻型纸。
- **打字纸**：打字纸纸张很薄，有一定的韧性和耐水性，单据、凭证就多用打字纸，书籍中常将打字纸作为印刷包装和隔页用纸。
- **其他纸张**：除以上几类外，还有白卡纸、牛皮纸、瓦楞纸、硫酸纸、书写纸和特种艺术纸等纸张材料。

选择书籍的纸张材料时，要综合考虑印刷成本、印刷品特征以及印刷效果。优秀的设计师会根据书稿内容去选择适合的纸张，提升书籍的品质。

下列书籍内页使用了不同的纸张材料，左图看起来平滑有光泽，色彩鲜艳，很好地突出了内容层次；右图的纸张看起来虽然比较粗糙，但油墨的吸收性很强，印迹清晰饱满。

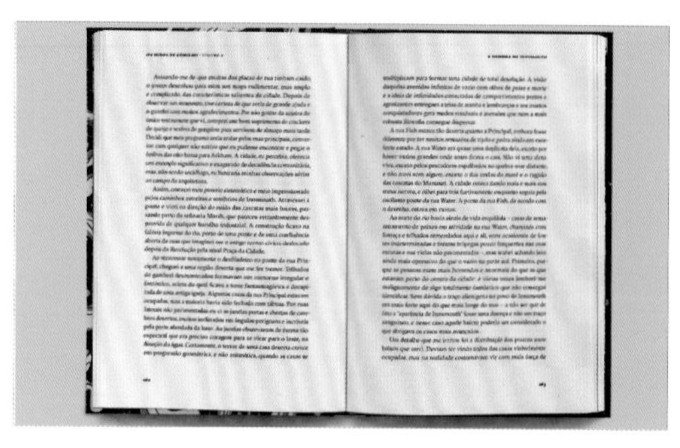

封面是书籍的“门面”，其纸张材料决定了书籍的品质。书籍封面比较常用的是铜版纸。除此之外，织物、皮革、PVC涂布等材料也逐渐成为书籍封面的选材。选择封面材料时，要考虑功能性和装饰效果，选择与加工工艺相适应的封面材料。下图为封套、封面、书签、内页的纸张效果。

2.3 书籍装帧后期工艺

印刷是书籍成型的重要步骤，对设计师来说，有必要对书籍装帧的印刷工艺有清晰的认识，并且在设计之初就要考虑到印刷工艺的应用，这样才能确保书籍印刷后获得理想的视觉效果。书籍装帧的印刷工艺有多种，每种印刷工艺各有特点，要根据设计需求来选择。

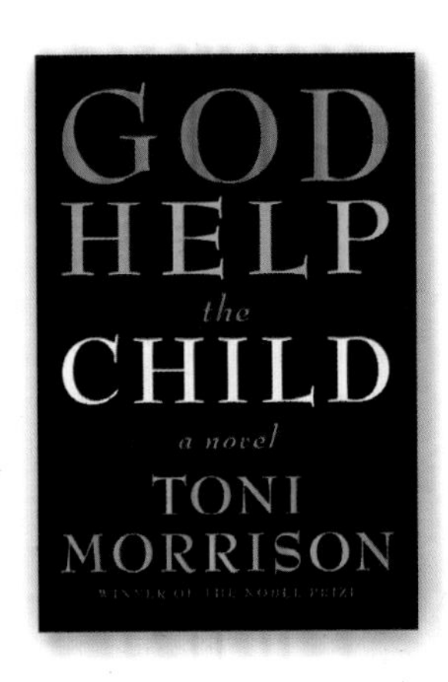

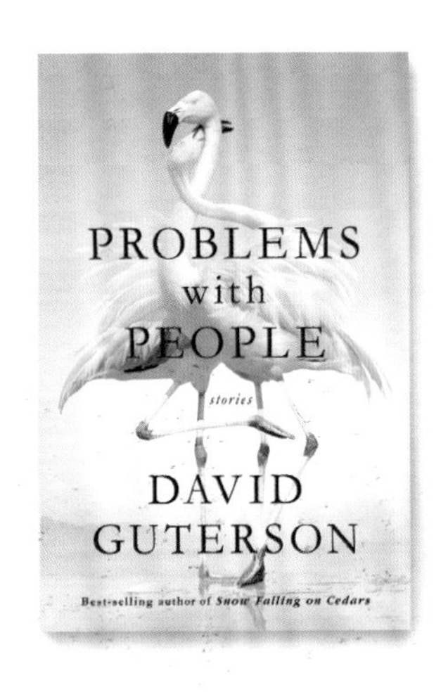

2.3.1 书籍印刷工艺

书籍有平版印刷、凸版印刷、凹版印刷、丝网印刷和水墨印刷等工艺，各种印刷工艺的特点如下所述。

- **平版印刷**：印版上图文部分与空白部分几乎没有高低差别，印刷时利用水油排斥原理来得到图文。在大批量高速印刷品中，平版印刷优势明显，不会因为印刷强度高就降低印刷品的质量。
- **凸版印刷**：简称为凸印，利用图文部分凸起的印版进行印刷。凸版印刷能得到精致的印刷质感，色彩表现力较强。
- **凹版印刷**：简称为凹印，是一种直接印刷方法，按制版方式来分，可分为雕刻凹版和腐蚀凹版。凹版印刷既可用于印刷纸张，也可以应用于其他装饰材料上，如木材、皮革等，具有油墨表现力强的优点，但制版费较高。
- **丝网印刷**：简称为丝印，用丝网作为版基，印刷时，在丝网印版的一端倒入油墨，图文部分网孔可透过油墨，空白部分网孔不能透过油墨，通过强力作用实现印刷。丝网印刷应用范围广，印刷方式灵活，既可以在较硬的材料上印刷，也可以在柔软的材料上印刷。另外，在平面、球面、曲面上皆可以实现印刷，印刷适应性强。
- **水墨印刷**：水墨印刷是一种特殊的印刷工艺，为获得平整的印刷效果，油墨要事先稀释溶解。具有色彩表现力出众、视觉效果细腻的优点。
- **组合印刷**：组合印刷是将多种印刷工艺组合在一起形成的生产流水线式印刷方式。随着新材料、新技术的应用，单一的印刷方式已不能满足商业应用的需要。在当下，组合印刷更能适合市场需求，具有节约成本、提高印刷效率的优势。一些有特殊要求的印刷品，常常也需要组合印刷才能实现，能使印刷品具有更强大的视觉冲击力。

采用不同的印刷工艺，给人的视觉感受也会不同。下图为高清印刷的书籍，其色彩还原度好，图文清晰明了。

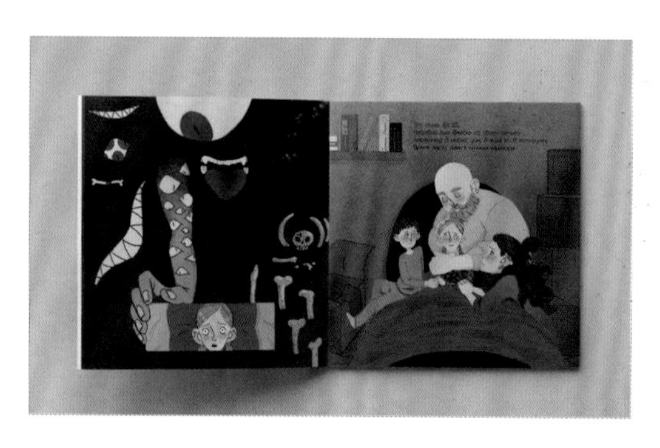

2.3.2 后期工艺设计

将油墨转移到承印材料上后，并不代表印刷就结束了，还有后期的加工工艺，其作用是对印刷品进行加工、美化，提高作品的表现力和防护功能。书籍装帧后期工艺有烫金、凹凸压印和覆膜等。

1. 烫金

烫金又称为电化铝烫印，能够让印物材料表面形成特殊的金属效果，主要材料是电化铝箔。烫金并不代表只有金色这一种颜色，烫金材料的颜色有多种，包括金色、银色、红色、镭射金、绿色等，烫金只是这种加工工艺的统称。

烫金工艺在包装、名片、企业画册和书籍封面中应用广泛，它是能显著提升视觉效果的一种后期加工工艺。下列书籍封面就使用了烫金工艺。

2. 凹凸压印

凹凸压印又称压凸纹印刷，可以让印刷品表面呈现出凸起或凹下的三维效果，能够提升印刷品档次，突出局部设计。凹凸压印要使用凹凸模具，通过压力作用形成一面凸出、一面凹陷的效果。不同的纸张由于肌理、纹路不同，凹凸压印后呈现的压印深度也有一定的区别。因此，采用凹凸压印工艺时，也要考虑纸张材料的性能，太薄

的纸张在凹凸压印后容易破裂，应选有一定厚度和韧性的纸张材料。

凹凸压印可以是无色的，也可以是烫金或者使图文整体浮出。凹凸压印广泛运用于精美画册、书刊封面、礼品包装、手提袋中。下图为凹凸压印工艺效果。

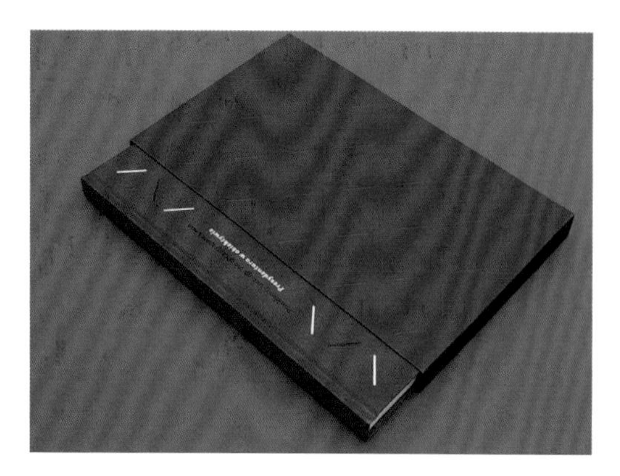

3. 覆膜

覆膜又称为“裱胶”“贴膜”等，是指在印刷品表面覆贴透明塑料薄膜，让印刷品表面看起来更加光滑光亮，触感也会更好。覆膜防水、防污、耐磨，因此还具有保护作用。

根据薄膜材料又可分为覆亮膜工艺和覆亚膜工艺，亮膜可以让印刷品看起来更有光泽感，亚膜可以给人典雅的感觉。大部分书籍都采用覆膜工艺，覆膜也可以加烫金、UV、凹凸等工艺。社科类、教育类书籍一般只覆亮膜或亚膜，以让书籍看起来简洁精美。下图为使用了覆膜工艺的书籍封面效果。

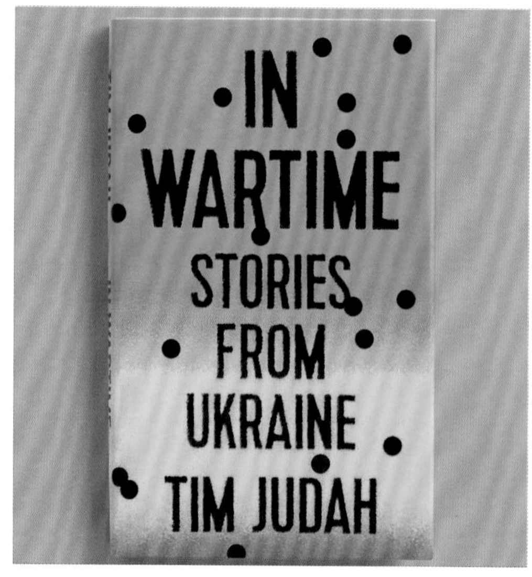

4.UV 上光

UV上光是将印刷品表面或局部涂布一层光油的一种加工工艺，以使上光部分看起来更为亮丽有立体感。UV上光会使用UV专用的特殊涂剂，可以局部上光，也可以满版上光。局部UV可以在覆膜后进行，也可以直接在印刷品上上光，为了突出上光效果，一般在覆亚膜后再使用UV上光工艺。如下所示为UV上光效果。

5. 其他工艺

除以上几种工艺外，书籍装帧后期工艺还有镂空、模切、压纹和植绒等装饰工艺，这些工艺都可以提高印刷品的档次，产生独特的艺术效果。

下列书籍封面经过后期工艺处理后，不仅具有很强的立体感，也增添了书籍本身的趣味性，对读者更具有吸引力。

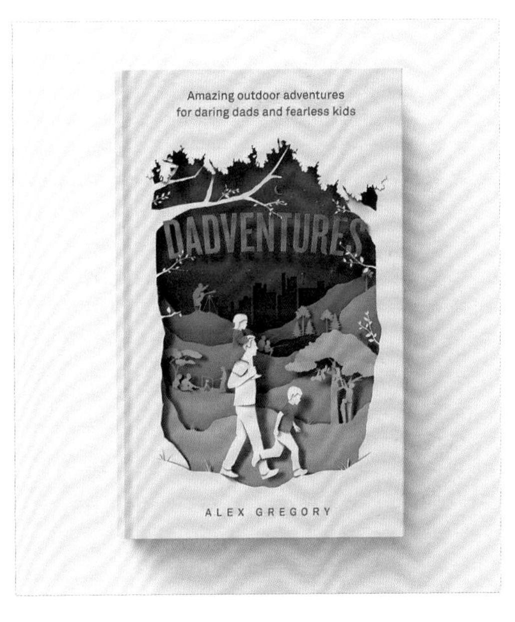

2.4 书籍装订形式设计

书籍内页印刷完成后，还需要通过装订来固定，让书页按照先后顺序整齐排列。装订是书籍装帧的重要步骤，包括整理、连接、缝合、装背、上封面等加工程序。装订如果加工不当，会严重影响书籍的阅读体验、艺术效果和保存期限，甚至会降低书刊的档次。

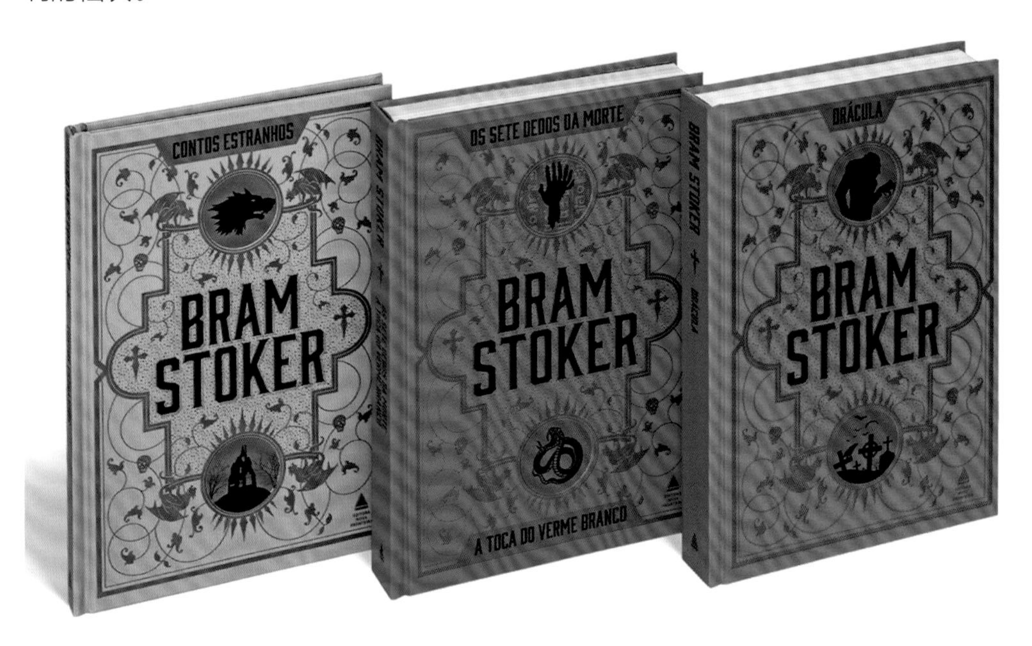

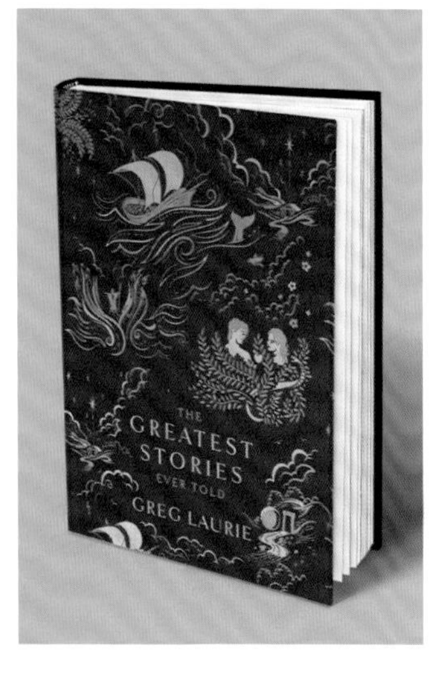

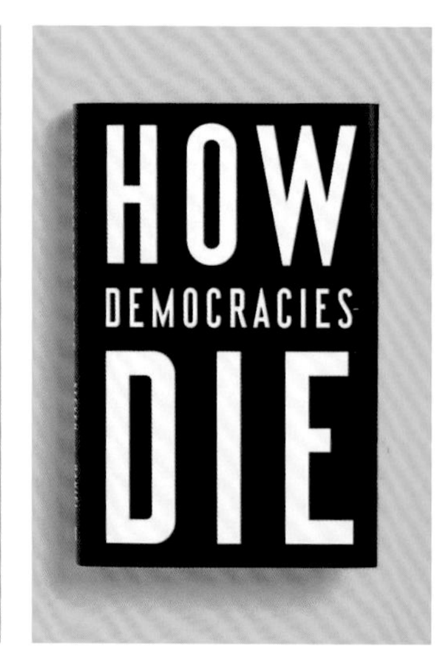

2.4.1 书籍装订的种类

装订是将书籍内页进行整理，胶装后包上书封的过程。书籍的装订方式有多种，包括平装、精装、活页装和散装等。平装又称为简装，订本方法有锁线订、骑马订、平订、无线胶订和锁线胶订等。精装书籍用硬皮做封面，外观精美，保护作用强，但持书较重，成本也会比平装高。精装书籍有方形书脊和圆形书脊两种。

CMYK 0,49,88,0	RGB 255,159,23	CMYK 0,91,75,0	RGB 255,43,49
CMYK 71,100,28,0	RGB 191,179,149	CMYK 59,91,79,44	RGB 90,33,39

○ 思路赏析

该书后期工艺恰当，书籍色彩看起来鲜艳美观，文字清晰可见。其采用平装装订方式，封面为软装，更便于读者随身携带。

○ 配色赏析

配色丰富多彩，具有强烈的视觉冲击力，色彩之间的比例搭配协调，有明确的倾向性，书籍的封面色彩就能吸引读者的眼球。

○ 设计思考

书籍装订要根据书籍题材、定位、内容多少、成本来选择合适的装订方式，大多数书刊都可以采用平装法，高档书籍可以考虑精装，为体现书刊的特别之处，也可以选用一些特殊的装订方法。

	CMYK	RGB
	83,34,100,0	8,135,8
	15,32,92,0	232,184,8
	35,69,85,0	184,104,56
	60,100,27,0	136,24,117

同类赏析

这是一本记录地理、美食、文化旅程的书籍，全书采用精装装订方式，使其看起来更加精致美观，也更适合保存，装帧设计体现了书籍的收藏价值。

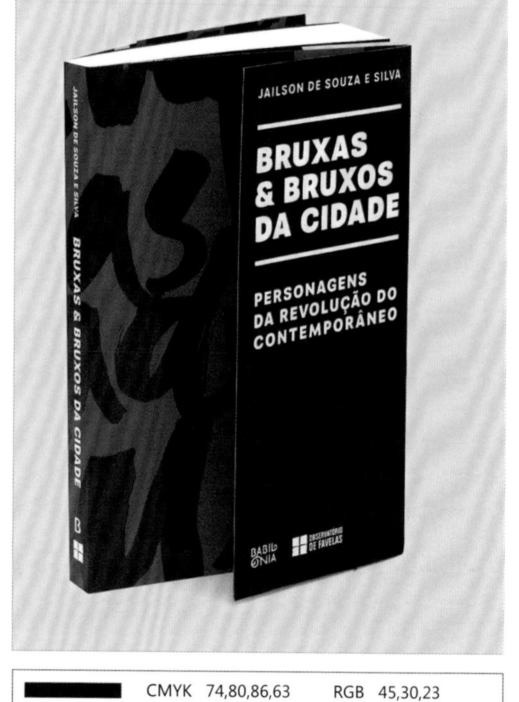

	CMYK	RGB
	74,80,86,63	45,30,23
	67,89,68,43	78,36,50
	15,96,99,0	223,32,22
	2,7,9,0	250,241,234

同类赏析

该书本较厚，采用平装装订方式可以降低成本，用胶粘将内页固定在书籍上，翻阅方便，书籍装帧设计符合畅销书的定位。

其他欣赏　**其他欣赏**　**其他欣赏**

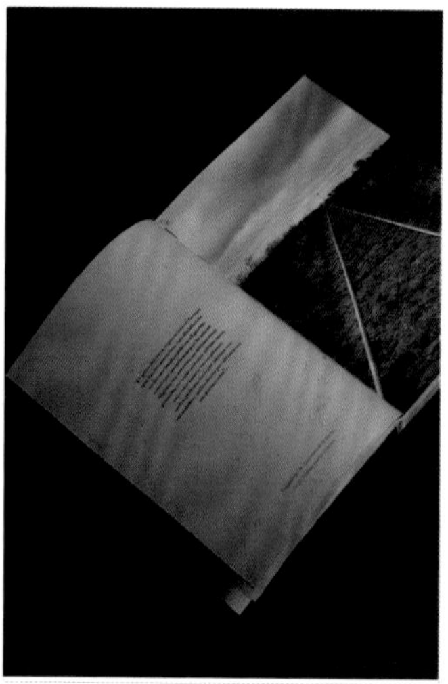

2.4.2 选择合适的装订形式

平装是使用广泛的一种装订方式，成本相对较低，适合印数较大的书籍。精装适合要长期保存、有收藏价值的书籍。从书籍的订本方法来看，大多数书籍常用无线胶订，只用胶粘合书芯，不用铁丝也不用线。采用锁线胶订的书籍，可以将书摊平，翻页更顺畅。期刊、宣传册、产品说明书和企业简介常采用骑马订，用铁丝钉来连接书页。锁线订多用于书页比较多的书籍。

	CMYK 58,4,80,0	RGB 119,194,89		CMYK 77,27,62,0	RGB 46,149,120
	CMYK 8,47,8,0	RGB 237,164,193		CMYK 4,5,3,0	RGB 246,244,245

○ 思路赏析

该书的读者对象是儿童，讲述了恐龙历险的故事，用硬质纸板做封面，采用锁线胶订法，翻阅手感舒适，可以摊平阅读，使书籍翻开时能完全展现图文内容，装订方式符合儿童的阅读习惯。

○ 配色赏析

这是一本儿童类的图书，色彩清新明快，能给人一种欢乐的视觉感受。书籍配色充满了童趣，书名醒目突出，色彩和图形都能吸引孩子阅读。

○ 设计思考

经典名著、高档画册常采用精装方式，其封面质地较硬，对书芯的保护作用较强。通俗读物、教科书、期刊等多采用平装方式，这种方式费用相对低廉，也便于携带。

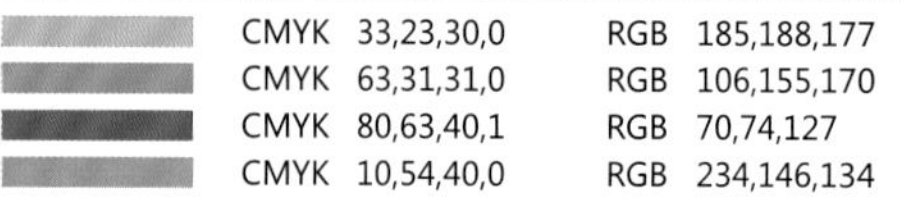

	CMYK	RGB
	CMYK 33,23,30,0	RGB 185,188,177
	CMYK 63,31,31,0	RGB 106,155,170
	CMYK 80,63,40,1	RGB 70,74,127
	CMYK 10,54,40,0	RGB 234,146,134

	CMYK	RGB
	CMYK 71,77,9,0	RGB 106,79,156
	CMYK 0,65,92,0	RGB 254,122,0
	CMYK 93,88,89,80	RGB 1,1,1
	CMYK 0,0,0,0	RGB 255,255,255

○ 同类赏析

该杂志采用了胶装法，平整度很好，封面为软装，手持重量较轻，读者在通勤途中也可以随时翻看阅读，提高了书刊的利用率。

○ 同类赏析

书中搭配的小册子页数很少，因此用骑马订装订，用两根铁丝钉固定书页，可完全平摊翻开阅读，也便于随书装入封套中。

○ 其他欣赏 ○

○ 其他欣赏 ○

○ 其他欣赏 ○

第3章

书籍装帧中的色彩应用

学习目标

面对书架上琳琅满目的书籍时，读者首先注意到的是书籍封面的色彩，其次才是文字、图形等视觉要素。色彩具有吸引眼球，引导视线的作用，同时还能调动读者的情感。色彩也是一种语言，它可以反映书籍的风格和内容。

赏析要点

色彩的三要素
色彩的不同象征
色彩的视知觉效应
红色
黄色
蓝色
色彩的目标人群
书籍类型与色彩的搭配
邻近色的运用

3.1 色彩知识快速入门

色彩是重要的视觉要素，印前的配色设计对后期工艺、印刷效果都会产生一定的影响。因此，在书籍装帧设计时，设计师不仅要懂得色彩的基础知识，还要懂得合理利用色彩。协调美观的配色不仅能在视觉上给予读者良好的阅读体验，还能强化书籍的视觉感染力。

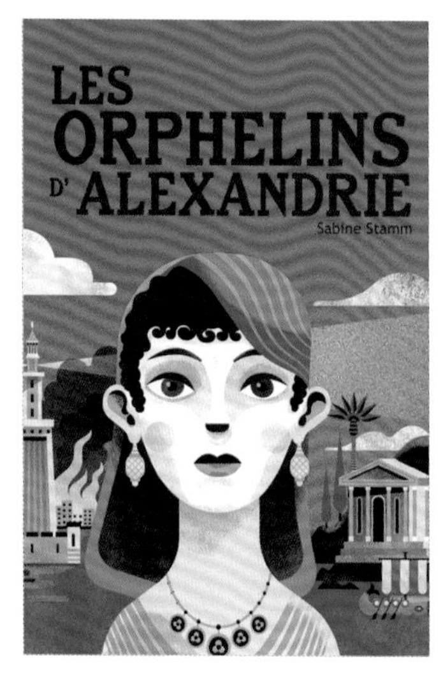

3.1.1 色彩的三要素

在书籍的装帧设计过程中，正确应用色彩非常重要。色彩有3个重要的要素，包括色相、明度和纯度。

1. 色相

色相是色彩最重要的属性，因为有了色相的差异，色彩才会如此缤纷多彩。在色相环上，红、绿、蓝是差异很大的3种颜色，能让人产生强烈的冲突感。红、绿、蓝三色也被称为光色三原色。对印刷品而言，人们看到的其实是纸张反射的光线，印刷的三原色为青、品红、黄（CMY）3种颜色，是红、绿、蓝的补色，下列为色相环和印刷三原色颜色混合示意图。

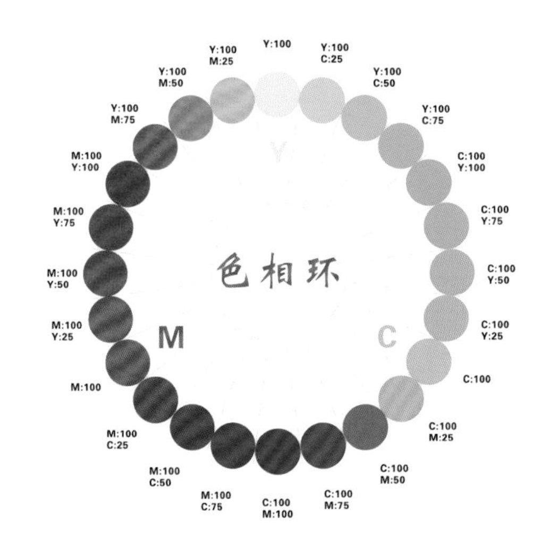

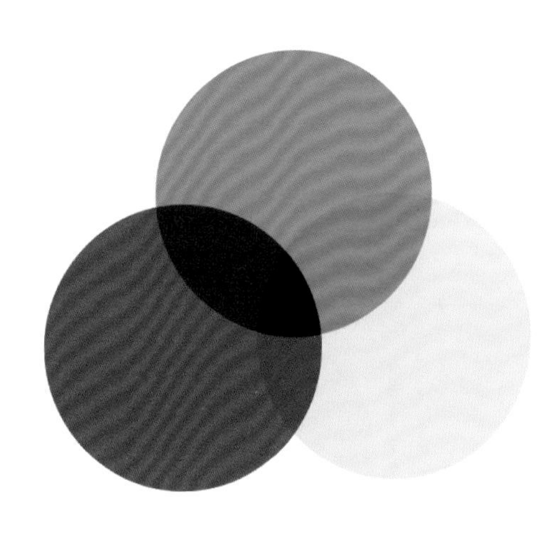

将印刷原色混合后，黄+品=红、黄+青=绿、品+青=蓝、黄+品+青=黑，其中红、绿、黄为三原色。3种原色相互独立，其他颜色可以通过三原色按照一定的比例混合调出，但其他色无法混合调出原色。

彩色印刷中的四色印刷，就是利用黄、品红、青和黑4种颜色来呈现色彩的一种印刷方法。理论上，这4种颜色可以印刷成千上万种色彩，四色印刷也是当前应用很广泛的一种印刷方法。

在实际印刷中，黑色的使用率是很高的，真正的黑色无法通过黄+品+青混合而成。因此，会在印刷中引入黑色。黑色可以单独使用，也可以与原色混合得到深浅、明暗不同的色彩。下列为彩色印刷的书籍。

在色相环上，可以看到不同色相之间的色彩差别。下列书籍的封面分别为黄色和蓝色，色彩的色相有很大的差异，反差对比明显。

2. 明度

明度又被称为亮度，是指色彩的明暗程度。明度也是色彩的一个重要特征，有了明度的变化，色彩之间的层次感会更丰富。最为直观的明暗对比就是黑白两色，黑色明度最低，白色明度最高，灰色属于中明度，如下所示。

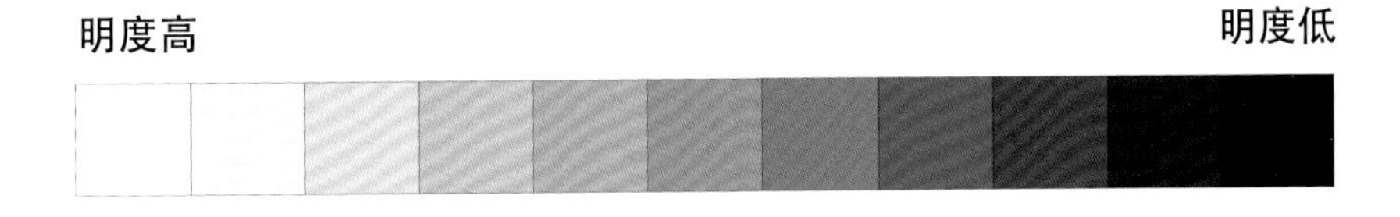

色彩的明度有多种变化，不同色相会产生明度变化，如黄色的明度高，蓝色的明度低。在任何一种色彩中加入白色可以提高明度，色彩会变浅，加入黑色可以降低明度，色彩会变深。同一色彩，受光源强弱的影响也会产生深浅差别，强光下色彩会显得很亮，弱光下色彩会显得很暗。下列为色相之间的明度变化。

3. 纯度

纯度又称为饱和度，是指色彩的鲜艳程度或者纯净程度，纯度越高色彩越浓艳，纯度越低色彩越清淡。纯度最高的色彩就是原色，纯度降到最低就会变为黑、白、灰色，也就是灰度。同一色相，可通过加入不同明度的色彩来调整纯度。下列为色相之间的纯度变化。

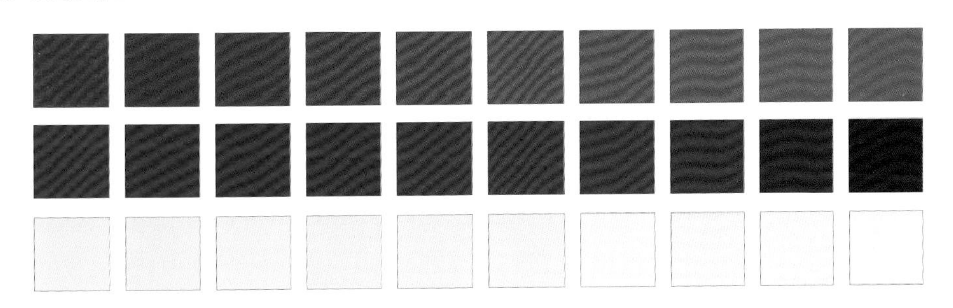

3.1.2 色彩的不同象征

不同色相的色彩有一定的象征作用，色彩的象征性是人们在认识色彩的过程中形成的一种观念，这种观念有一定的共通之处，但也存在差异。在书籍装帧设计中，设

计师可以利用色彩的象征性来表达某种精神或观念。

黑色常常象征着死亡、阴森、黑暗和肃穆等，红色常常象征着喜庆、鲜血、活力等。在设计中大面积运用黑色，可以营造阴森恐怖的氛围，大面积运用红色可以营造喜庆的氛围。下列左图为悬疑小说类书籍，其封面配色充分运用了色彩的象征作用，用黑色搭配红色给人一种毛骨悚然的视觉感受；右图为儿童文学类书籍，其封面用大面积的红色来象征光明和愉快。

一种色彩可能会有多种象征意义，如绿色可以象征希望、清新，也可以象征和平、环保，设计师要灵活运用色彩的象征性。配色时，如果色彩的倾向越明确，所表达的象征意义也会越强烈。

3.1.3 色彩的视知觉效应

看到不同的色彩，人们会产生冷暖、轻重等心理感受，这就是色彩的视知觉效应。色彩本身是没有情感倾向的，只是人们在观察色彩时，会产生某种带有情感的心理活动。色彩会带来以下几种不同的心理感受。

◆ 冷暖感受

冷暖感是色彩使人在心理上产生的冷热感觉，红色、橙色、黄色等颜色常常会给人一种温暖、温和、热情的心理感受，因此，人们也将此类颜色称之为暖色。蓝色、绿色、青色等颜色常常会给人带来一种寒冷、凉爽、镇静的心理感受，此类颜色也被称为冷色。

色彩的冷暖感要相对来看，比如黄绿色和青绿色，如果分开来看这两种颜色都是绿色，似乎没有明显的冷暖差异，但对比来看，黄绿色会偏暖，青绿色会偏冷，如下图所示。

黄绿色	青绿色

色彩的冷暖感也给设计师配色提供了一种思路，如要表达冷清、平静的情感，可以使用冷色；而要表达兴奋、温暖的情感，则可以使用暖色。下列左图是一本健康、减肥类书籍，以冷色为主色，会让人产生平静、治愈的感觉。右图是一本艺术类书籍，以暖色为主色，给人明快、活跃的视觉感受。

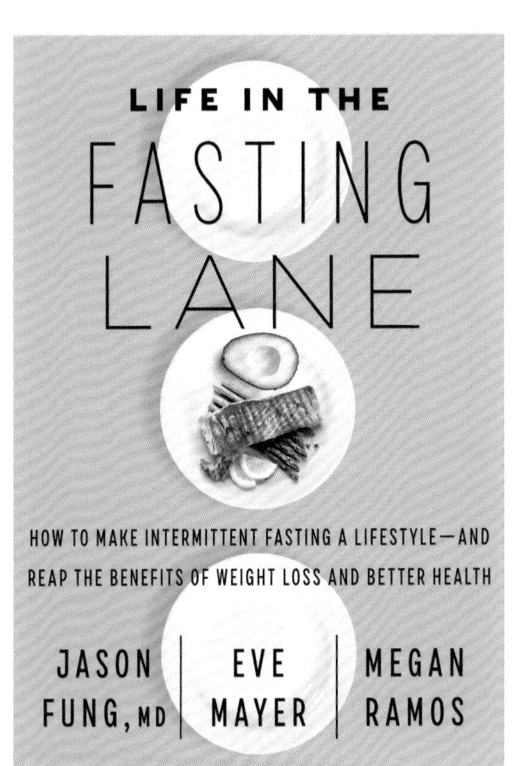

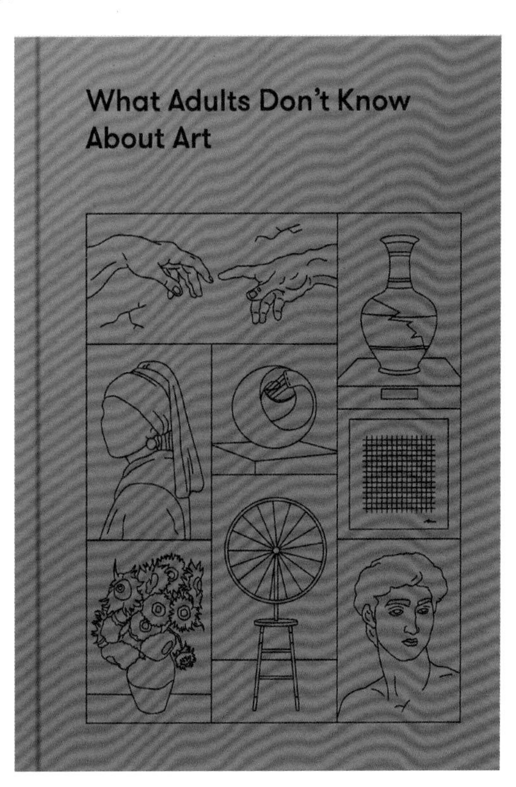

◆ 轻重感受

在心理上，色彩也会给人不同的轻重感。色彩的轻重感与明度有关，明度高的色彩会给人带来一种轻柔的感觉，明度低的色彩则会使人产生厚重之感。如白色、浅绿色、浅粉色等浅色系色彩往往会有轻盈感，而黑色、深绿色、深蓝色等深色系色彩具有沉重感。下列书籍的封面色彩由左到右逐渐变深，心理上带来的重量感也逐渐被强化。

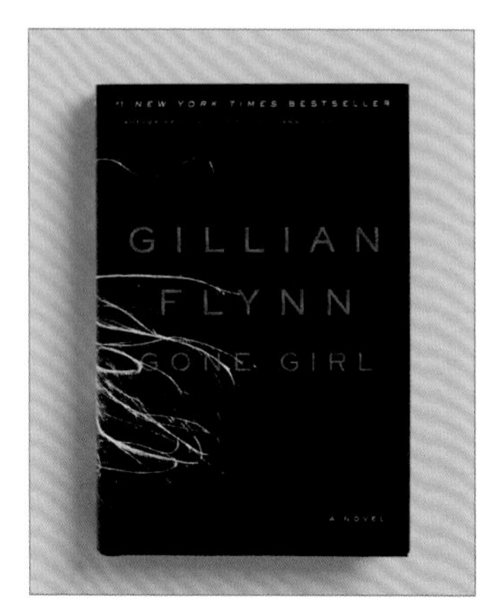

◆ 胀缩感受

一般可将带来膨胀和收缩感觉的色彩称为“膨胀色”和“收缩色”。从冷暖色系来看，暖色会给人膨胀的感觉，冷色会给人收缩的感觉。以红色和蓝色为例，相同宽度下比，红色会让人觉得距离更近，似乎比蓝色要大。

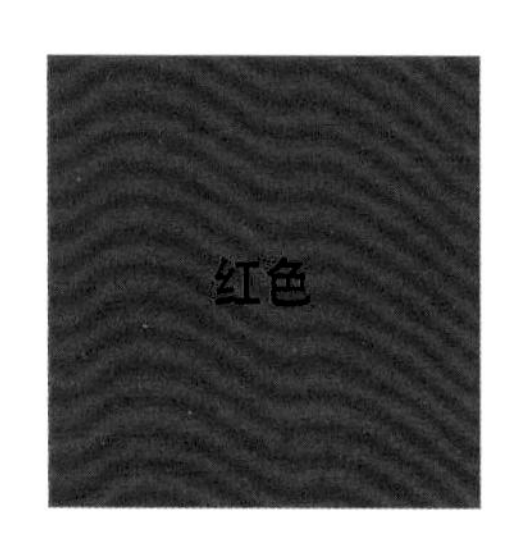

色彩明度和纯度都会影响人心理上的胀缩感受，单从明度来看，明度高的色彩会有膨胀感，明度低的色彩会有收缩感。单从纯度来看，高纯度色彩会有膨胀感，低纯度色彩会有收缩感。

除以上3种视觉感受外，色彩还会给人远近感、动静感、软硬感等视觉感受。远近感是一种错觉现象，高彩度色彩有逼近之感，又称为前进色，低彩度色彩有推远之感，又称为后退色。色彩的动静感是一种情绪反映，暖色常常会带来兴奋感，冷色会给人以沉静感。

3.2 书籍装帧中的色彩应用

色彩并没有优劣之分，关键是看设计师如何运用。书籍的版面空间是有限的，通过了解红色、黄色、绿色、蓝色、无彩色等基本色彩的特性和产生的心理效应，设计师在有限的版面空间可以更灵活、准确地运用各种色彩，让色彩充分发挥其价值作用，吸引读者购买和阅读。

3.2.1 红色

红色具有很强的视觉穿透力，能够使人的心理产生兴奋、紧张、欢快、振奋等情绪。红色常常代表着自由、火、胜利、新鲜、喜庆和爱情等，将红色运用到设计中，往往能给人留下鲜明的印象。

在红色中加入黑色或蓝色，色彩就会变得更加稳重、深沉，在红色中加入白色，色彩就会变得更轻盈、温和。

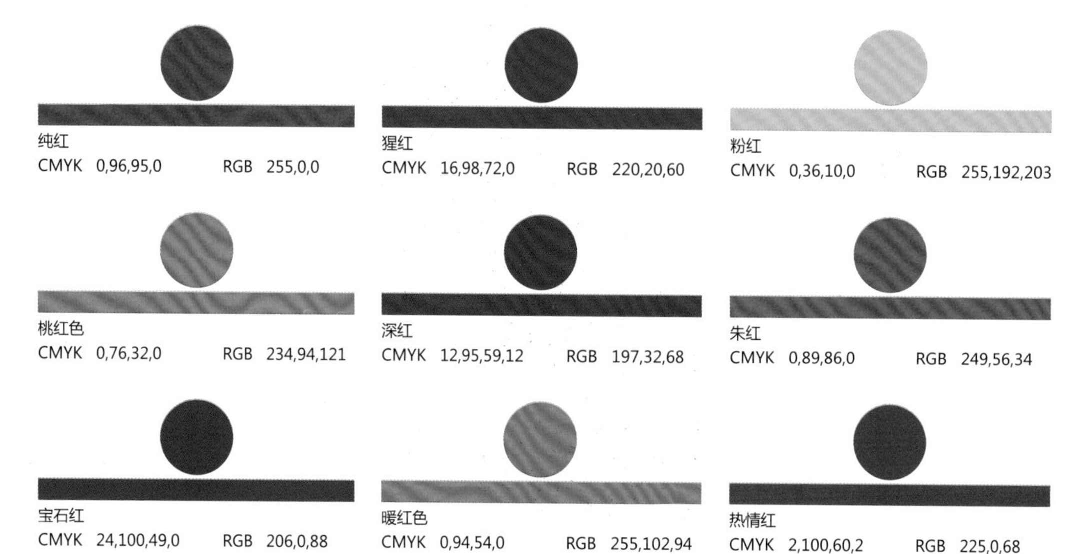

○ 同类赏析

地球给人的印象是蓝色的，该封面设计打破常规，但却与书籍主题相契合，书中讲述的是最干燥、最热地区的各种动植物。

	CMYK	39,100,97,4	RGB	174,15,37
	CMYK	51,99,80,26	RGB	124,27,46
	CMYK	11,45,32,0	RGB	232,165,157
	CMYK	44,47,61,0	RGB	162,139,105

○ 同类赏析

这本书介绍了世界上著名的作家以及他们的文学作品，封面的布局就是一本书，红色的底色格外醒目。

	CMYK	12,94,87,0	RGB	228,40,39
	CMYK	8,46,85,0	RGB	240,161,43
	CMYK	0,1,3,0	RGB	255,254,250
	CMYK	87,84,75,65	RGB	24,23,29

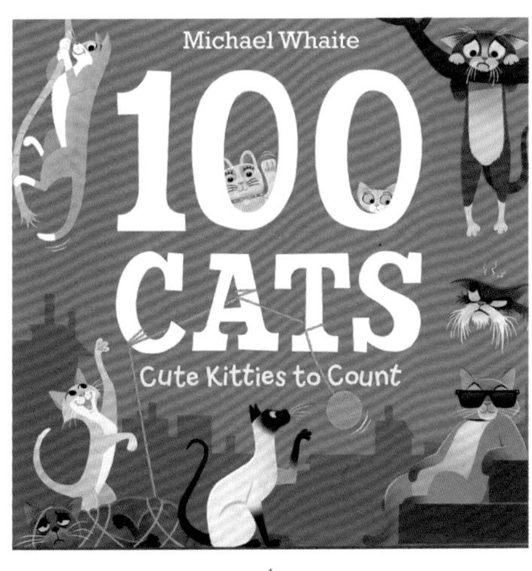

○ 同类赏析

该画面中有多只形态各异的猫，有的可爱，有的顽皮，为封面增添了无限的趣味性，将红色作为底色，有利于色彩识别。

	CMYK	25,92,89,0	RGB	204,51,43
	CMYK	4,87,78,0	RGB	241,65,50
	CMYK	0,0,0,0	RGB	255,255,255
	CMYK	55,54,31,0	RGB	136,122,148

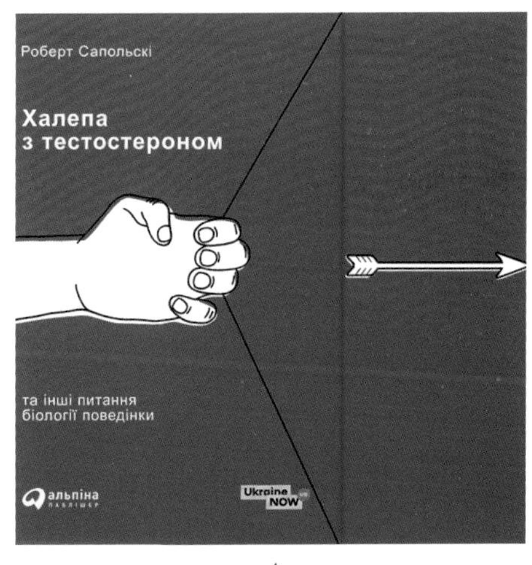

○ 同类赏析

该书的封面和勒口构成统一的整体，当读者翻开书籍时就可以发现其中的视觉信息，正红色与白色、黑色搭配起来很有动感。

	CMYK	21,100,100,0	RGB	212,4,4
	CMYK	1,1,1,0	RGB	252,252,252
	CMYK	77,78,87,64	RGB	40,31,22
	CMYK	6,14,84,0	RGB	254,224,40

3.2.2 黄色

黄色是三原色之一，看到黄色总会让人感到光明、喜悦、富贵、温暖。亮眼的黄色具有很强的跃动感，当色彩中有黄色时，常常会使人产生强烈生动的视觉印象。黄色可以大面积使用，也可以作为点缀色使用。黄色与很多色彩搭配使用都能起到突出主题的作用。

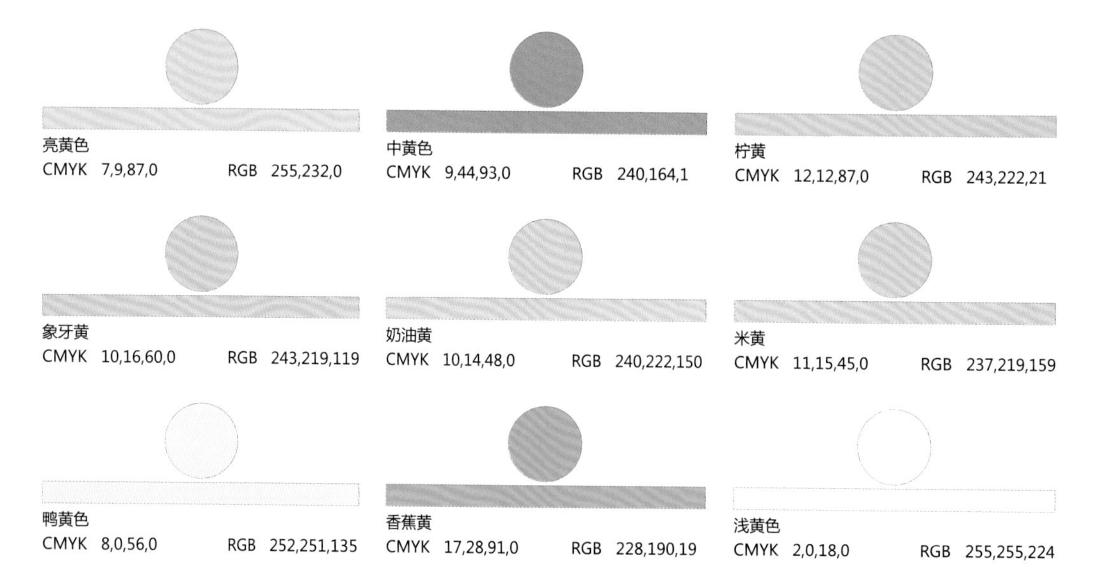

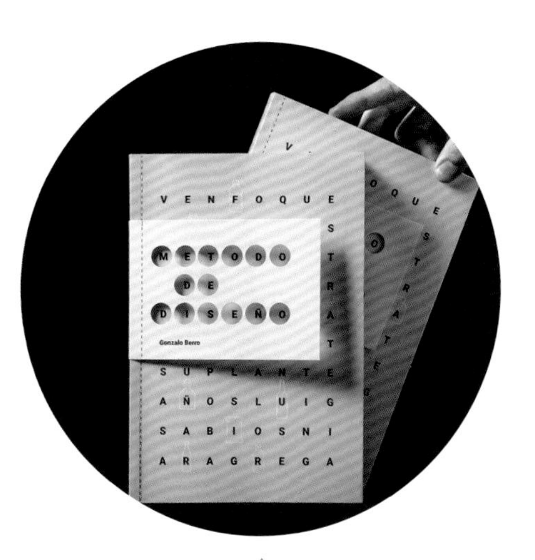

○ 同类赏析

这是一本关于品牌设计的书籍，其封面的色彩和装饰图形都能吸引读者的关注，封面造型也富有创意。

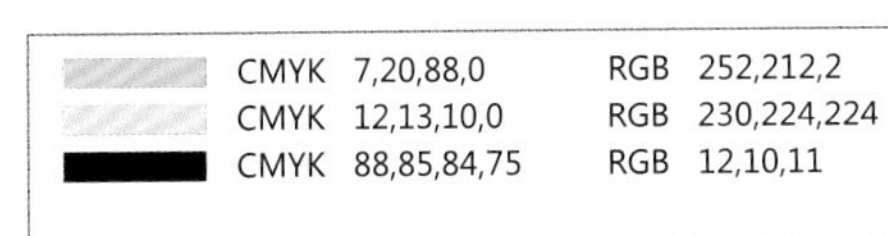

CMYK 7,20,88,0	RGB 252,212,2
CMYK 12,13,10,0	RGB 230,224,224
CMYK 88,85,84,75	RGB 12,10,11

○ 同类赏析

该书封面的主要色彩有黄色和紫红色，这两种颜色都是色彩中的暖色，但色相上有一定的跳跃性，能够让色彩形成隔离感。

CMYK 24,21,87,0	RGB 215,198,46
CMYK 20,74,14,0	RGB 216,99,154
CMYK 78,73,66,35	RGB 60,59,64
CMYK 7,9,6,0	RGB 240,234,236

○ 同类赏析

该书内文中每一章的首页都使用黄色打底，排版方式也保持一致性，色彩上起到内容过渡、分隔的作用。

CMYK 16,33,79,0	RGB 227,181,68
CMYK 9,7,6,0	RGB 237,237,238
CMYK 93,88,89,80	RGB 0,0,0

○ 同类赏析

这本以万圣节为主题的儿童图画书，背景中黄色的月亮、南瓜灯、儿童着装都具有万圣节的特征。

CMYK 6,6,68,0	RGB 255,238,98
CMYK 84,74,57,22	RGB 54,67,84
CMYK 44,9,89,0	RGB 166,199,56
CMYK 6,61,70,0	RGB 241,132,76

3.2.3 绿色

绿色是中性色，在色相环中介于黄色与蓝色之间。绿色给人的感觉是舒适、青春的，能让人联想到和平、安宁、希望与春天，在表达自然、环保、生态等主题时，都可以运用绿色。深浅不一的绿色给人的视觉感受也是不同的，浅绿色更清新、淡雅，深绿色更成熟深邃。

鲜绿
CMYK 83,45,67,3　RGB 42,119,103

草绿
CMYK 86,51,100,17　RGB 28,99,39

中绿
CMYK 87,65,100,53　RGB 23,52,21

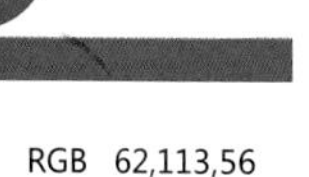

深豆绿
CMYK 80,47,98,8　RGB 62,113,56

深绿
CMYK 88,68,98,58　RGB 19,44,23

苹果绿
CMYK 47,2,57,0　RGB 151,208,140

淡湖绿
CMYK 49,6,42,0　RGB 252,251,135

宝绿
CMYK 69,23,56,0　RGB 84,160,132

浅绿
CMYK 29,5,32,0　RGB 197,222,190

○ 同类赏析

这本小说的主人公是“PEW”，他的出现撕开了小镇的秘密，正如书籍封面的设计一样，绿色底纹和烫金文字很有质感。

CMYK 84,57,59,10	RGB 46,97,100
CMYK 19,24,0,0	RGB 214,199,230
CMYK 11,26,49,0	RGB 236,200,140

○ 同类赏析

该装帧设计旨在吸引5~9岁的儿童。封面是以绿色为主的水彩色调，色彩清新明快，栩栩如生的水彩画让画面显得宁静而温馨。

CMYK 27,23,72,0	RGB 207,192,91
CMYK 51,33,93,0	RGB 147,156,51
CMYK 14,27,58,0	RGB 232,196,120
CMYK 67,44,82,2	RGB 105,128,76

○ 同类赏析

从封面可以看出，该期刊的主题与医疗有关，色彩选择了象征安全、环保的绿色，配色充分体现了色彩的象征意义。

CMYK 92,63,72,32	RGB 3,72,67
CMYK 15,97,90,0	RGB 223,28,36
CMYK 16,35,89,0	RGB 229,178,33
CMYK 12,7,9,0	RGB 230,234,233

○ 同类赏析

这本书籍的内容是关于医疗健康的，主体色为深绿色，用较为明亮的蓝绿色突出视觉图形，视觉集中而不散乱。

CMYK 82,67,69,33	RGB 49,68,66
CMYK 72,20,46,0	RGB 63,163,153
CMYK 69,27,44,0	RGB 83,155,151
CMYK 6,5,6,0	RGB 243,242,240

3.2.4 蓝色

说起蓝色，人们很容易联想到天空和大海。蓝色是典型的冷色，常常给人留下一种清爽、冰凉、冷静、深邃、理智、寂静的视觉印象。蓝色具有收缩的特征，因此它也是收缩色，当蓝色与黑色搭配在一起时，往往更能凸显蓝色的光彩。

从色彩的心理效应来看，较浅的蓝色能使人放松、安静，较深的蓝色能够给人深邃、忧郁的暗示。

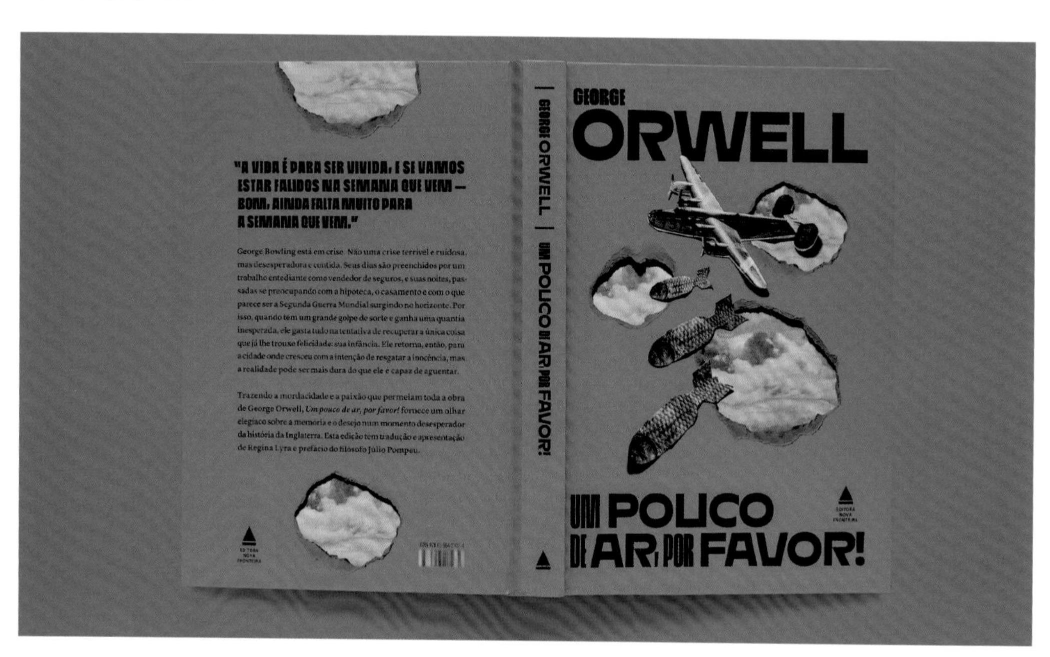

海蓝
CMYK 95,80,28,0　RGB 23,71,133

孔雀蓝
CMYK 100,88,21,0　RGB 16,57,136

淡钛蓝
CMYK 88,64,8,0　RGB 32,95,172

天蓝
CMYK 66,27,11,0　RGB 90,164,209

淡蓝
CMYK 29,0,17,0　RGB 194,234,226

宝石蓝
CMYK 76,37,42,0　RGB 60,137,147

铁蓝
CMYK 83,59,24,0　RGB 54,104,155

鲜蓝
CMYK 84,56,23,0　RGB 38,108,160

深蓝
CMYK 100,100,57,18　RGB 8,30,87

同类赏析

上图是一本儿童书籍，因此选用了明度较高的蓝色，色彩上更能赢得儿童的喜爱，蓝色也符合书籍主题，能体现“冰雪”。

CMYK 15,20,89,0	RGB 235,206,27
CMYK 15,11,83,0	RGB 237,223,52
CMYK 23,19,37,0	RGB 208,202,168
CMYK 94,72,36,1	RGB 0,82,129

同类赏析

从封面设计可以看出，这是一本悬疑犯罪小说，蓝色背景搭配剪纸风格的手铐，与书名相呼应。

CMYK 89,73,11,0	RGB 44,81,159
CMYK 10,9,7,0	RGB 234,232,233
CMYK 85,81,80,67	RGB 24,24,24

同类赏析

这本书是经过精选的精美诗集，诗歌的内容很适合3~7岁的儿童在睡前聆听，用偏绿调的蓝色作为主色，能让心静下来。

CMYK 77,18,40,0	RGB 2,164,167
CMYK 57,7,43,0	RGB 120,194,167
CMYK 5,0,5,0	RGB 246,252,248
CMYK 41,49,72,0	RGB 170,137,84

同类赏析

鲸鱼是一种海洋生物，本书讲述了鲸鱼的秘密生活，以蓝色调来进行色彩搭配非常贴切，能充分发挥色彩的联想作用。

CMYK 37,2,13,0	RGB 174,223,230
CMYK 70,32,21,0	RGB 79,152,187
CMYK 57,27,30,0	RGB 123,166,175
CMYK 64,32,32,0	RGB 105,153,167

3.2.5 橙色

橙色介于红色和黄色之间，其波长仅次于红色，既具有红色的热烈，又有黄色的明亮。橙色是极暖的色彩，能让人联想到阳光、火焰和美食。作为一种能带来激情和兴奋感的色彩，橙色给人的印象总是愉快、活跃、热情和热闹的。自然界中，橙色也是金秋的代表色，枫叶、果实、霞光等都有着橙色色彩属性，有时人们也将橙色称为橘色或橘黄色。

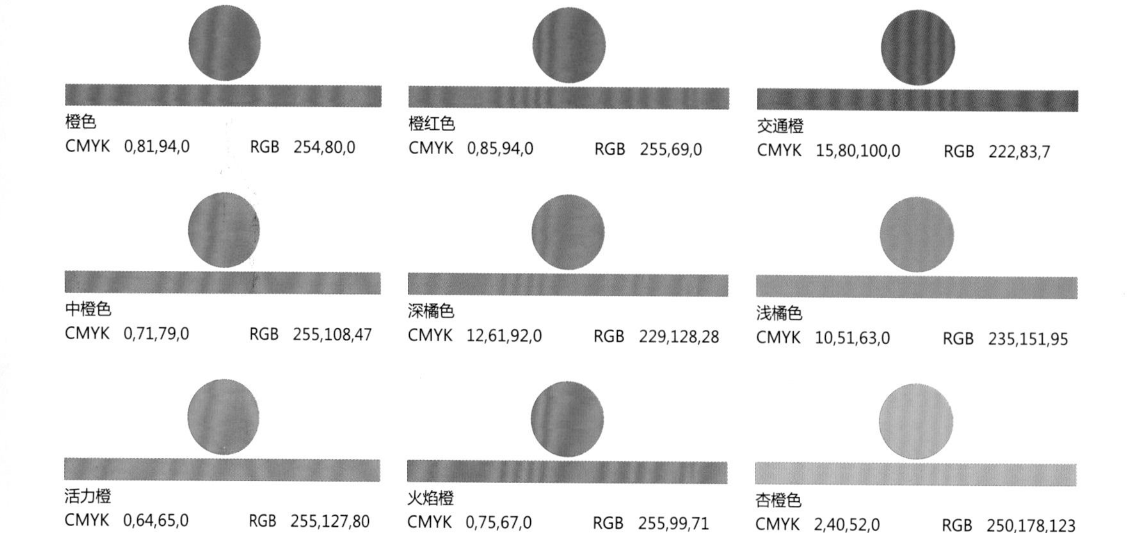

○ 同类赏析

橙色能够营造积极、欢乐的氛围。该封面用大面积的橙色作背景，容易使人感到温暖和愉快，与书籍主题相契合。

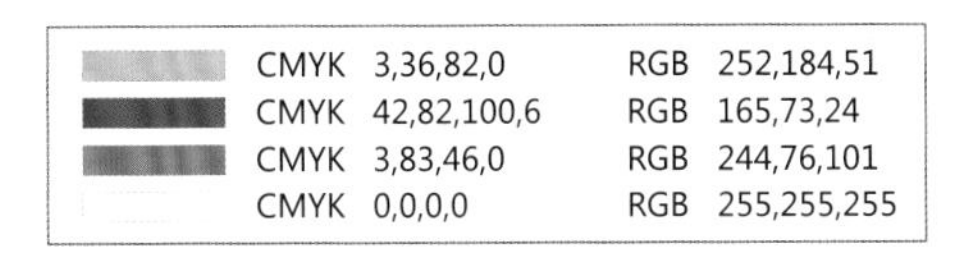

CMYK 3,36,82,0	RGB 252,184,51
CMYK 42,82,100,6	RGB 165,73,24
CMYK 3,83,46,0	RGB 244,76,101
CMYK 0,0,0,0	RGB 255,255,255

○ 同类赏析

小说的故事给人一种温暖、舒缓的感觉，书籍的封面也用橙色来营造这种氛围，配色所传递的情感是积极向上的。

CMYK 4,25,89,0	RGB 255,205,0
CMYK 25,95,22,0	RGB 206,25,122
CMYK 83,40,63,1	RGB 23,128,111
CMYK 4,81,61,0	RGB 242,83,80

○ 同类赏析

该书籍封面的主色调为粉色，环衬使用了欢快活泼的橙色，以糖果图形作装饰，色彩的应用契合了儿童的喜好。

CMYK 5,76,76,0	RGB 240,95,57
CMYK 11,36,12,0	RGB 231,184,198
CMYK 4,3,4,0	RGB 248,248,246

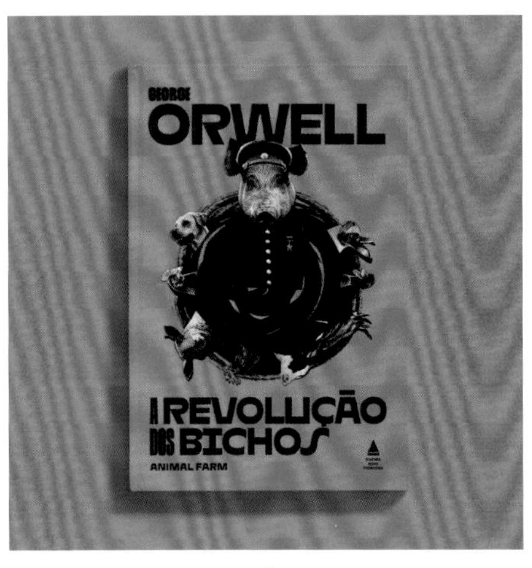

○ 同类赏析

橙色与无彩色不是孤立存在的，两者互相衬托，黑色突出了橙色的亮，橙色也突出了黑色的暗。

CMYK 17,77,100,0	RGB 220,90,2
CMYK 82,81,84,69	RGB 28,23,19
CMYK 41,33,27,0	RGB 166,165,171
CMYK 27,21,16,0	RGB 197,196,202

3.2.6 紫色

在有彩色色系中，紫色属于低明度的色彩，它也属于中性色，介于蓝色和红色之间。偏红的紫色更有暖味，偏蓝的紫色更有冷味。紫色给人的印象是神秘而高贵的，它象征着高雅、尊贵、威严。紫色如果运用得当，可以让作品看起来醒目和时尚，但如果运用不好也会带来不舒服感，相较于其他色彩，紫色是较难使用的色彩，需要设计师把握好紫色的明度和纯度。

紫色
CMYK 65,100,18,0　　RGB 128,0,128

适中的紫色
CMYK 56,60,0,0　　RGB 147,112,219

青紫色
CMYK 72,69,0,0　　RGB 106,90,205

深紫罗兰色
CMYK 67,85,0,0　　RGB 148,0,211

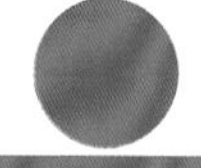

紫红色
CMYK 37,67,0,0　　RGB 255,0,255

紫罗兰
CMYK 25,55,0,0　　RGB 238,130,238

兰花的紫色
CMYK 30,63,0,0　　RGB 218,112,214

深紫红色
CMYK 60,100,0,0　　RGB 139,0,139

淡紫
CMYK 21,24,10,0　　RGB 210,198,212

同类赏析

该封面插图大量运用了梦幻的紫色，书中的故事也如色彩一样充满着梦幻色彩，雪成为这本书的主角。

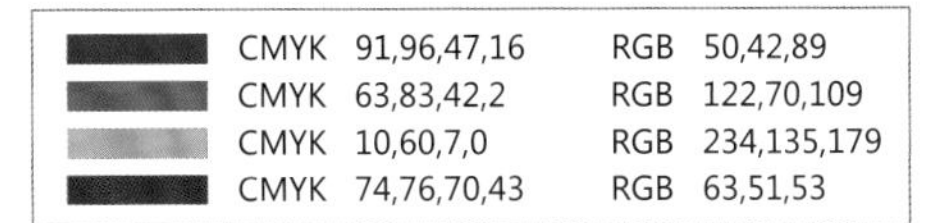

	CMYK 91,96,47,16	RGB 50,42,89
	CMYK 63,83,42,2	RGB 122,70,109
	CMYK 10,60,7,0	RGB 234,135,179
	CMYK 74,76,70,43	RGB 63,51,53

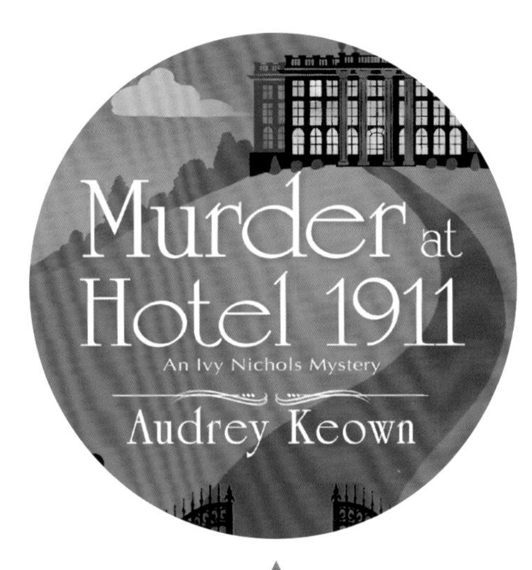

同类赏析

这本悬疑小说的封面以紫色为主色调，较深的紫色散发出很强的神秘气息，与书籍故事内容搭配协调。

	CMYK 74,92,12,0	RGB 103,50,140
	CMYK 61,73,13,0	RGB 129,88,154
	CMYK 45,58,1,0	RGB 163,123,186
	CMYK 10,22,60,0	RGB 241,207,117

同类赏析

该封面插图使用了深浅不一的紫色，色彩上很有层次感，没有产生不协调感，设计上给人一种独特、新奇的感受。

	CMYK 86,85,48,14	RGB 60,58,95
	CMYK 71,73,13,0	RGB 103,86,156
	CMYK 51,66,27,0	RGB 150,105,144
	CMYK 10,29,50,0	RGB 237,195,137

同类赏析

雨滴快要落地时幻化为鸟飞走了，充分体现了书名NUNCA VI A CHUVA（从不下雨），紫色梦幻而唯美。

	CMYK 4,4,6,5	RGB 246,242,241
	CMYK 85,95,66,56	RGB 38,19,41
	CMYK 48,93,19,0	RGB 161,45,130
	CMYK 14,74,23,0	RGB 227,100,141

3.2.7 无彩色

红色、绿色、橙色等色彩都是有彩色，而灰色、白色、黑色则属于无彩色。在书籍装帧设计中，会大量运用无彩色。无彩色几乎能与任何一种颜色相搭配，在无彩色中，白色是最纯净的色彩，黑色则是白色的对立色，这两种颜色都具有很强的包容性。浅的黑色、深的白色就是灰色，灰色能让人联想到沉重、忧郁、质朴等景物，它是很百搭的颜色。

纯黑
CMYK 93,88,89,80 RGB 0,0,0

暗淡的灰色
CMYK 66,58,55,4 RGB 105,105,105

灰色
CMYK 57,48,45,0 RGB 128,128,128

深灰色
CMYK 39,31,30,0 RGB 169,169,169

银白色
CMYK 29,22,21,0 RGB 192,192,192

浅灰色
CMYK 20,15,15,0 RGB 211,211,211

淡灰色
CMYK 16,12,12,0 RGB 220,220,220

白烟
CMYK 5,4,4,0 RGB 245,245,245

纯白
CMYK 0,0,0,0 RGB 255,255,255

○ 同类赏析

这是一本《醉汉词典》，封面大面积使用了中性灰色，配色和配图都极为简单，一把半倾倒的凳子与“Drunk”相呼应。

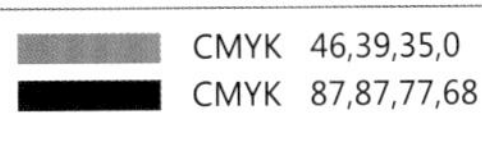

CMYK 46,39,35,0	RGB 153,151,152
CMYK 87,87,77,68	RGB 22,17,24

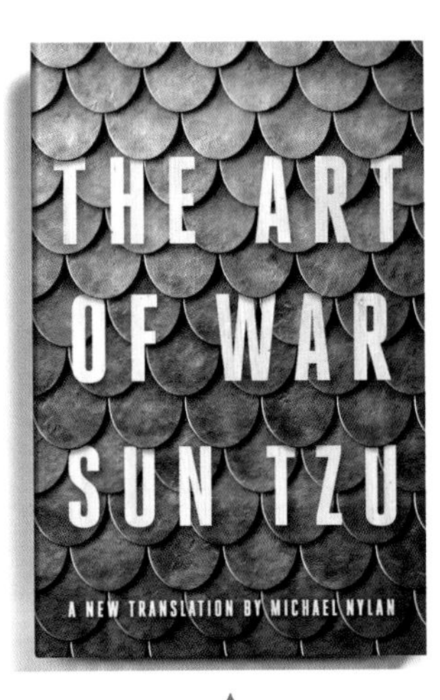

○ 同类赏析

该书封面的设计大胆而新颖，虽然都是无彩色，却很有层次感，不禁让人联想到盔甲，诠释了书籍主题《孙子兵法》。

CMYK 72,75,67,36	RGB 73,58,61
CMYK 56,48,42,0	RGB 130,129,134
CMYK 43,29,29,0	RGB 160,170,172
CMYK 1,5,8,0	RGB 253,246,238

○ 同类赏析

这本艺术类书籍的封面运用了凹凸压纹工艺，使纸张表面呈现出几何图形，避免了白色带来的单调感，也增添了设计感。

CMYK 4,4,0,0	RGB 248,246,251
CMYK 93,88,89,80	RGB 0,0,0

○ 同类赏析

这本书籍的主题是“扭曲”，设计师用黑色的路线图来表达扭曲这一概念，色彩能推动视觉动线跟随这一路线移动。

CMYK 3,3,3,0	RGB 248,248,148
CMYK 90,86,86,77	RGB 7,7,7

3.3 合理运用色彩

封面给读者留下的第一印象，是激发购买欲望的关键，而色彩设计则是能让读者印象深刻的重要元素。在书籍装帧设计中，设计师要懂得合理运用色彩，根据不同的主题、人群来运用不同的色彩搭配方式，让整体的色彩效果更加和谐、舒适，更符合读者对象的审美要求。

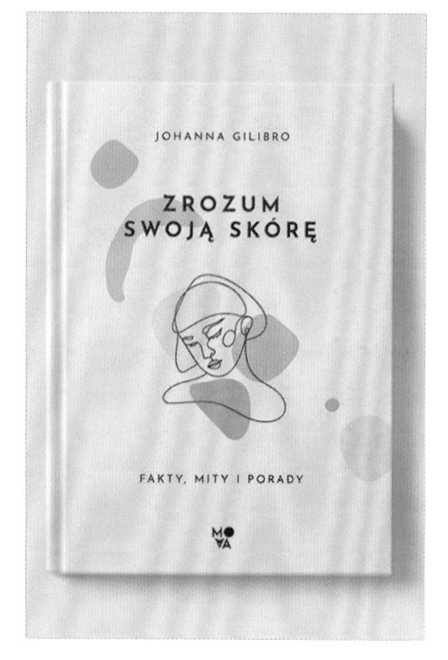

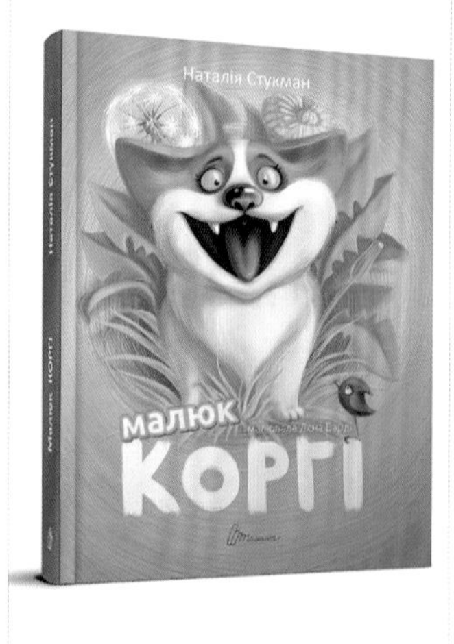

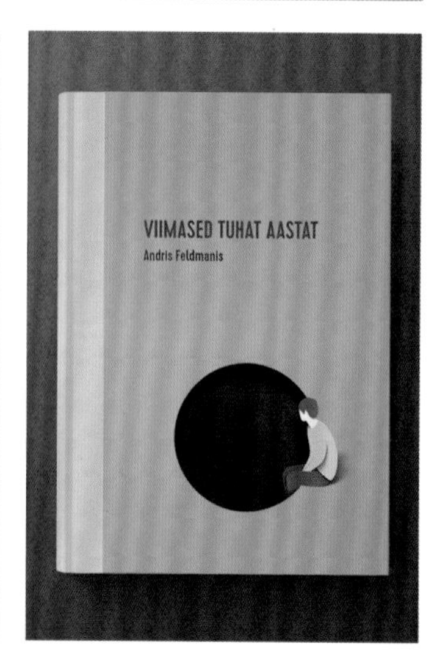

3.3.1 色彩的目标人群

不同的人群对色彩的偏好是不同的，每本书都有特定的读者对象，在进行色彩设计时不能忽视读者人群的色彩倾向。从人群的色彩偏好来看，儿童普遍偏爱活泼、鲜艳的色彩；老年人更偏好中明度、暖色调的色彩，不喜欢清冷，看起来忧郁的色彩；青年人可接受的色彩范围较广，整体来看，女性更容易被粉色、紫色等高明度色彩所吸引，男性更容易被蓝色、黑色等低明度色彩所吸引。

	CMYK 29,47,34,0	RGB 195,149,149		CMYK 66,59,30,0	RGB 109,109,145
	CMYK 20,18,14,0	RGB 212,207,211		CMYK 52,49,41,0	RGB 143,131,135

○ 思路赏析

这是一本关于眉毛设计的书籍，读者对象主要是女性群体，封面用肖像画来突出作者，图文搭配合理，在版式上留有一定的空间，简约而有设计感。

○ 配色赏析

色调低调而淡雅，选用浅粉色、浅灰色作为主要色彩进行双色搭配，配色上迎合了读者群体的审美偏好，也能快速吸引读者的注意力。

○ 设计思考

性格、认知不同，对色彩的偏好也会不同，设计师要综合考虑读者定位，并利用色彩心理学来指导色彩设计，使书籍色彩能在视觉上与读者产生共鸣。

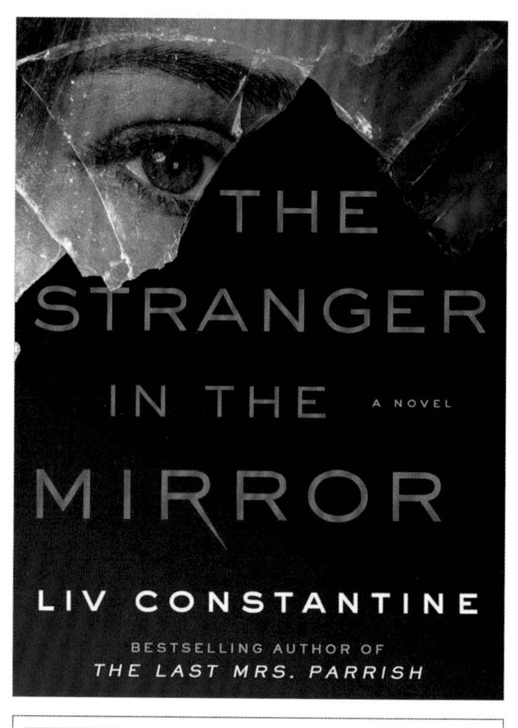

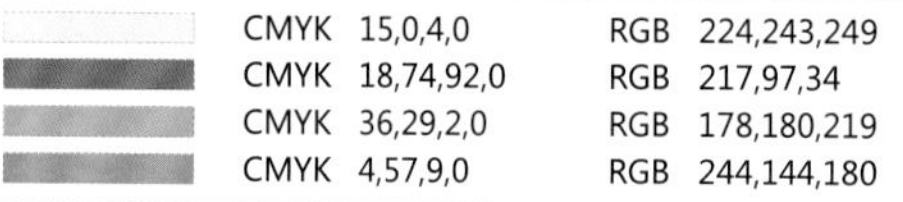

CMYK 15,0,4,0	RGB 224,243,249
CMYK 18,74,92,0	RGB 217,97,34
CMYK 36,29,2,0	RGB 178,180,219
CMYK 4,57,9,0	RGB 244,144,180

CMYK 100,100,53,23	RGB 26,32,80
CMYK 98,96,39,5	RGB 36,46,107
CMYK 1,85,34,0	RGB 248,69,115
CMYK 1,0,4,0	RGB 254,255,249

同类赏析

这本儿童书讲述了穿山甲的有趣故事，配色充分考虑了儿童的喜好，用浅蓝色、橙色、粉色等进行色彩搭配，色彩充满了童趣。

同类赏析

这本书的读者对象是悬疑小说爱好者，所以用深沉的蓝色来营造惊悚氛围。红色的字体突出醒目，配色能让人感受到压抑和黑暗。

其他欣赏

其他欣赏

其他欣赏

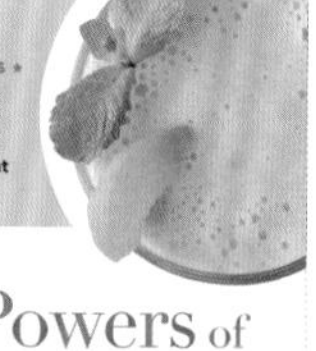

3.3.2 书籍类型与色彩的搭配

色彩奠定了书籍的整体基调，它会赋予书刊强烈的视觉识别特征。设计师在运用色彩时，还需要考虑书籍的类型以及内容需要，让色彩传递的信息与书籍类型有一定的共通性。比如灰色、蓝色能表达深远、智慧和宁静，比较适合用于科技、理性等题材的书刊。红色、橙色能表达积极向上的精神，适合用于励志、成功、职场等题材的书刊。

	CMYK 6,4,2,0	RGB 242,244,248
	CMYK 39,20,3,0	RGB 169,193,228
	CMYK 71,61,57,8	RGB 92,97,99
	CMYK 80,55,18,0	RGB 62,111,168

○ 思路赏析

该封面反映了书刊的内容，用城市建筑景观来体现“BIM Tools”这一概念，封面设计运用了比喻、象征等手法，信息表达能够调动读者的想象力。

○ 配色赏析

灰色和蓝色都能代表科技、智慧和稳重，封面配色给人值得信赖的感受，很适合互联网、数码科技等需要体现技术性特征的行业。

○ 设计思考

不同的色彩具有不同的象征意义。色彩的运用要考虑书籍题材、内容表达的需要，正确将色彩运用到书籍装帧设计中，以体现色彩的价值。

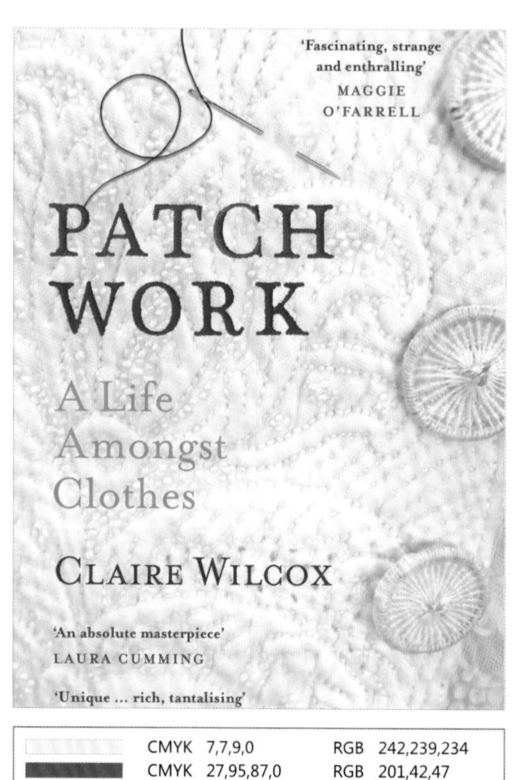

	CMYK 91,95,24,0	RGB 58,47,126
	CMYK 72,81,7,0	RGB 105,70,154
	CMYK 9,53,90,0	RGB 237,147,27
	CMYK 6,5,6,0	RGB 242,242,240

	CMYK 7,7,9,0	RGB 242,239,234
	CMYK 27,95,87,0	RGB 201,42,47
	CMYK 61,40,41,0	RGB 117,141,143
	CMYK 75,53,52,3	RGB 80,111,116

○ 同类赏析

这本书籍讲述了关于吸血鬼、木乃伊等有趣的故事，色彩与图书题材一样充满着不可捉摸的气息，充分展现了紫色的魅力。

○ 同类赏析

该书的封面用织物作为背景，表明书的内容与针织、缝补有关，色彩清爽干净，视觉上给人很舒服的感觉，配色十分适合书籍题材。

○ 其他欣赏 ○

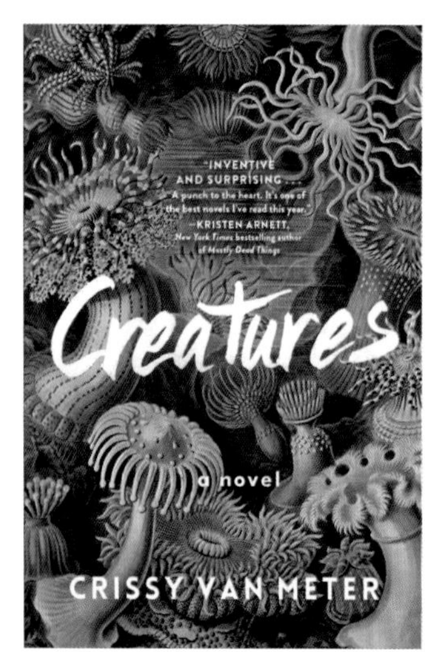

○ 其他欣赏 ○

○ 其他欣赏 ○

3.4 书籍装帧色彩搭配技巧

色彩是书籍装帧设计的主要元素之一，有着自己独特的视觉语言。色彩如果搭配得当，会大大提高书籍的文化品位和艺术内涵。要让书籍装帧的色彩产生某种美感，需要设计师运用好这些配色技巧。

3.4.1 同类色的运用

同类色是指色相性质相同的色彩，使用同类色进行色彩搭配，能让画面看起来统一和谐，给人一种稳重、雅致、含蓄的视觉美感，不容易产生强烈的不安定感。在色相环上，一般将夹角为15度的色彩称之为同类色。使用同类色搭配时，可以利用深浅变化来丰富色彩层次。

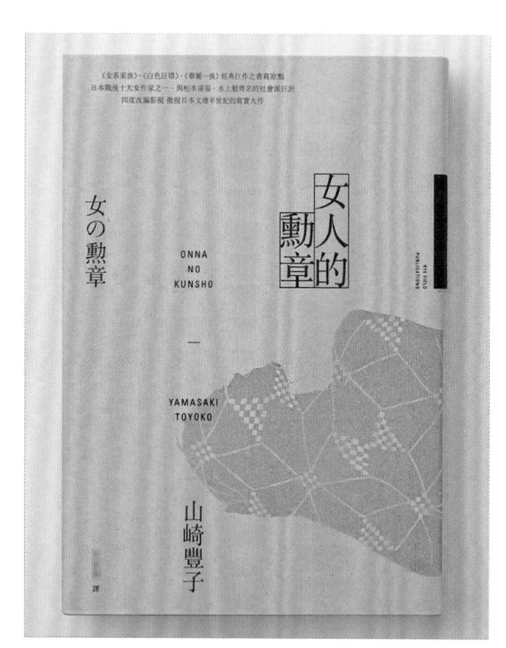

○ 思路赏析

这本书结合书籍的读者对象，选择粉色作为封面配色，文字的排版错落有致，图形采用了非常规的展示方法，能让人印象深刻。

○ 配色赏析

配色考虑了读者的喜好，用素雅的粉色来作为主体色，图形与背景色彩形成深浅对比，焦点突出。

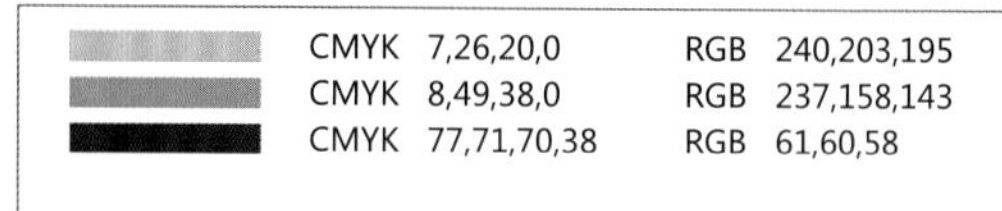

CMYK 7,26,20,0	RGB 240,203,195
CMYK 8,49,38,0	RGB 237,158,143
CMYK 77,71,70,38	RGB 61,60,58

○ 设计思考

协调的同类色总能让画面显得平衡舒适，留给读者的印象也会是统一的，只要在色彩上略有变化就能提升画面动感，又不至于让配色产生不适感。

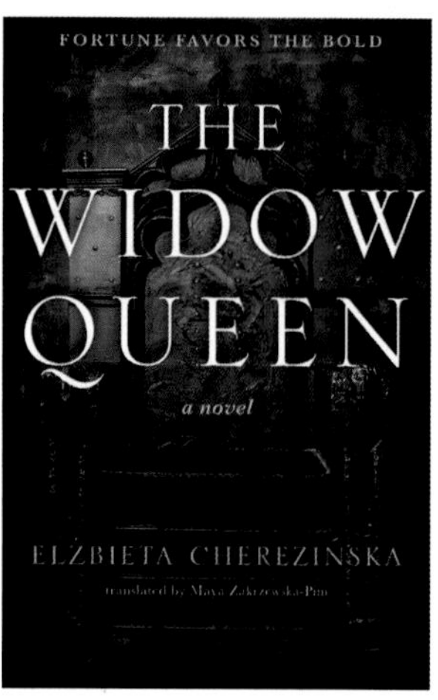

○ 同类赏析

◀左图是一本历史小说，其封面在色相上的对比较弱，但色彩有明暗上的差异，既获得了统一调和的色彩效果，又成为有视觉中心。

右图书籍封面采用同类色进行色彩▶搭配，让色彩在纯度上有变化，色彩之间的过渡非常柔和，没有强烈的冲突感。这是一个关于爱、失落的故事。因此，用蓝色来营造忧郁的氛围。

CMYK 92,73,67,39	RGB 17,56,63
CMYK 94,79,67,49	RGB 12,44,55
CMYK 88,60,52,8	RGB 31,94,109
CMYK 61,24,24,0	RGB 108,169,190

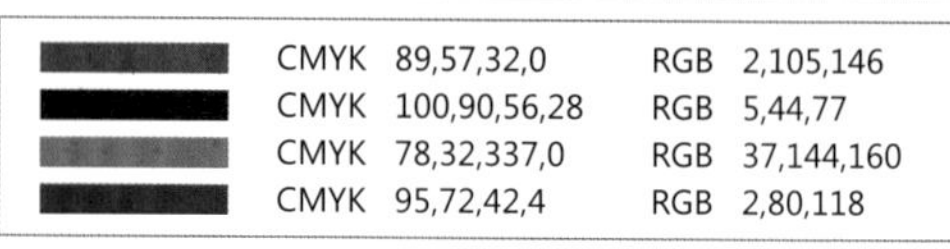

CMYK 89,57,32,0	RGB 2,105,146
CMYK 100,90,56,28	RGB 5,44,77
CMYK 78,32,337,0	RGB 37,144,160
CMYK 95,72,42,4	RGB 2,80,118

3.4.2 邻近色的运用

邻近色就是色相环中彼此相邻的色彩。邻近色的色相差异较小，存在一定的共性特征，它们之间的色彩对比较弱。

邻近色搭配可以让色彩更加和谐、融洽，但有时也会导致色彩搭配沉闷单调，设计师可以利用明度、纯度、主次变化来弥补这一缺点。

○ 思路赏析

这是一本儿童书，为常见的正方形开本，更适合儿童翻阅。封面为插画风格，插图生动有趣，能够表达书籍主题。

○ 配色赏析

蓝色和绿色是相邻的两种色彩，两种色彩都是偏冷调的色彩，因此画面看起来干净、清爽。

CMYK	62,35,28,0	RGB	113,150,171
CMYK	74,64,100,40	RGB	65,67,32
CMYK	59,44,90,1	RGB	127,133,62
CMYK	47,98,99,20	RGB	140,33,34

○ 设计思考

邻近色可以很好地解决配色不协调的问题。在配色设计时，可以将邻近色作为主色进行搭配，也可以利用邻近色来过渡色彩。

○ 同类赏析

◀左图画面中的色彩较多，但整体都是偏暖色系的色彩，因此视觉上给人一种温暖的感觉。因设计师减弱了色彩的对比度，所以画面更柔和、迷人。

右图是一本通俗小说，小说的核心是一名女性，封面的设计也以女性为视角。橙色和黄色在色相环上属于邻近色，两种颜色都极其温暖，再用灰紫色来突出面部特征。▶

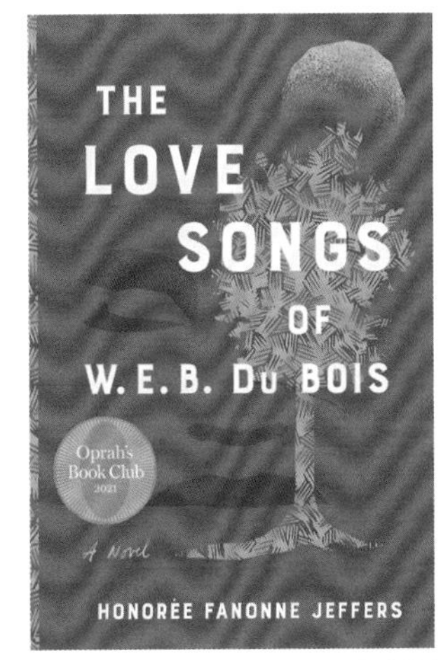

CMYK	45,93,84,13	RGB	150,47,50
CMYK	9,53,77,0	RGB	237,148,64
CMYK	5,15,51,0	RGB	251,224,143
CMYK	0,4,4,0	RGB	255,249,246

CMYK	4,78,83,0	RGB	241,90,45
CMYK	23,37,89,0	RGB	214,169,42
CMYK	71,62,28,0	RGB	98,103,145
CMYK	3,0,9,0	RGB	251,253,239

3.4.3 对比色的运用

色彩的差异是对比的前提，对比的强弱取决于色彩之间差异的大小。对比色是色相环上相距120度~180度之间的颜色，可见其色彩的差异之大，例如红色与黄绿、橙色与紫色。强烈的对比能拉开色彩间的距离感，在设计中适当运用对比色能丰富画面效果，使图形形象更鲜明。

○ 思路赏析

该书籍讲述了太阳和犀牛的故事。封面中的太阳和犀牛分别位于书名的上下两侧，布局设计体现了两者是本书的核心。

○ 配色赏析

设计师运用了多组对比色，蓝色与黄色、绿色与红色，配色很有视觉冲击力。

CMYK 84,76,13,0	RGB 66,78,154
CMYK 19,24,68,0	RGB 222,196,99
CMYK 79,55,96,22	RGB 61,92,50
CMYK 10,73,59,0	RGB 232,102,89

○ 设计思考

运用对比色时要注意平衡色彩，避免色彩过于混乱花哨。让色彩面积形成主次关系，降低色彩的纯度，都能起到平衡的作用。

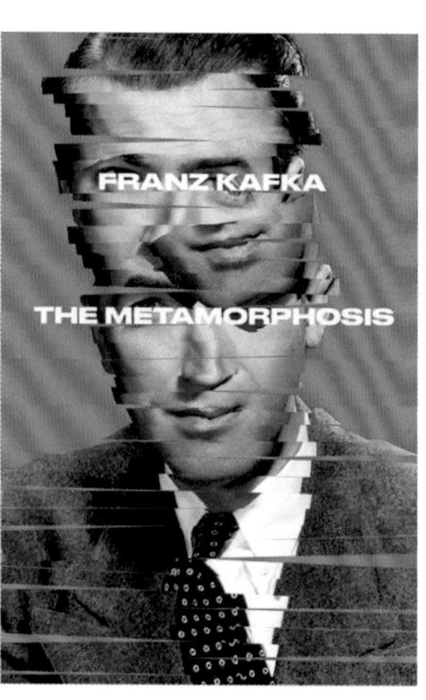

○ 同类赏析

◀红色与蓝色两种纯度很高的颜色搭配在一起，瞬间就提升了封面的活力感。这是一个冷暖碰撞的组合，冲突的色调张扬而抢眼。

深蓝色与黄色是一组对比色，黑色与白色也有强烈的对比效果。该书籍封面既有色相上的对比，也有明暗上的对比，冷暖色系的搭配能够起到吸引视线的作用。▶

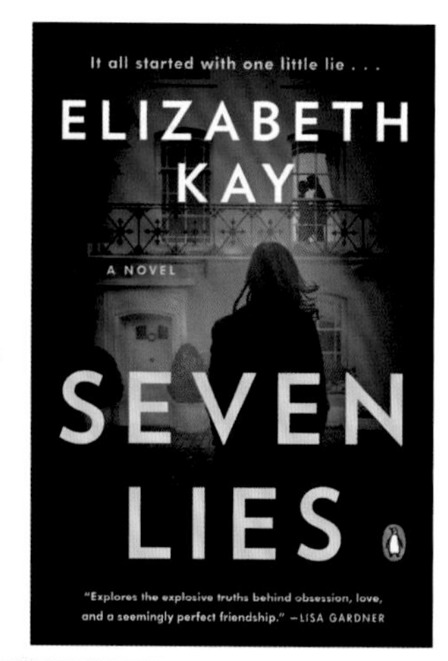

CMYK 3,79,40,0	RGB 245,89,113
CMYK 84,61,6,0	RGB 44,101,178
CMYK 0,0,0,0	RGB 255,255,255
CMYK 96,91,77,70	RGB 0,8,21

CMYK 86,81,71,54	RGB 33,36,43
CMYK 82,47,10,0	RGB 19,124,190
CMYK 7,11,71,0	RGB 252,229,89
CMYK 0,0,0,0	RGB 255,255,255

3.4.4 黑、白、灰的运用

黑、白、灰本就是一种色彩搭配方案，在设计中运用黑白灰来配色，能让色彩回归极简的本质，给人一种时尚、大方、简约的视觉感受。

黑、白、灰都属于无彩色，它们仅有深浅上的差异，作为经典的色彩搭配方案，黑、白、灰只要搭配得当就能给人简约而不简单的感觉。

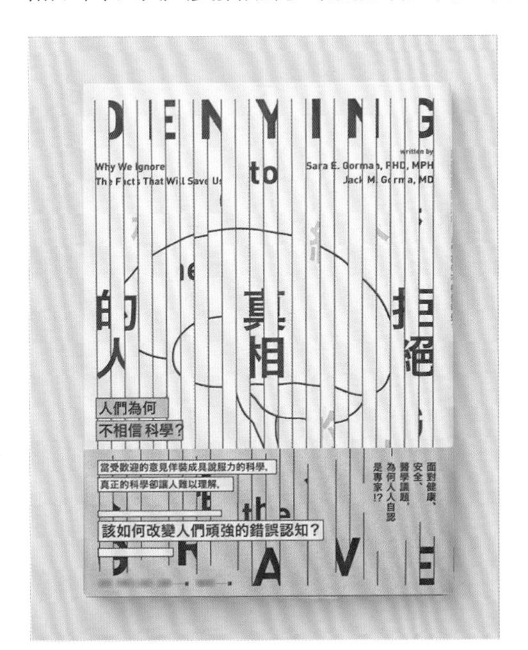

思路赏析

该书探讨了“人们为什么不相信科学”背后的心理机制，封面的设计独特而有个性，把画面切成条状，但并不妨碍信息的识别。

配色赏析

配色深沉、简洁，又具有现代设计感，极简的灰色让心理情绪回归理性，更符合图书本身的气质。

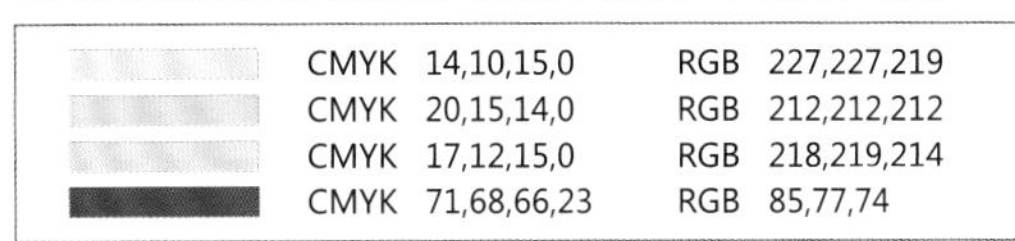

	CMYK 14,10,15,0	RGB 227,227,219
	CMYK 20,15,14,0	RGB 212,212,212
	CMYK 17,12,15,0	RGB 218,219,214
	CMYK 71,68,66,23	RGB 85,77,74

设计思考

黑、白、灰虽是无彩色系，但同样也能营造感情色彩，黑色可以让人觉得神秘，灰色可以让人觉得宁静，可通过把握色彩比例关系来传递不同的信息。

同类赏析

◀这是一部有趣的、带有冒险色彩的传奇故事，以亚瑟王神话为素材，黑色背景简化突出了“The Holy Grail”（圣杯），点明了主题。

书名为*The Bone Garden*，封面的设计运用了岩石、土壤等元素，文字被埋在土壤中，黑、白色调营造出阴森、寒冷的气氛，增强了视觉感染力。▶

	CMYK 92,87,88,79	RGB 2,2,2
	CMYK 39,30,31,0	RGB 170,172,169
	CMYK 3,2,2,0	RGB 249,249,249
	CMYK 22,24,24,0	RGB 209,196,188

	CMYK 85,80,79,66	RGB 25,25,25
	CMYK 18,14,12,0	RGB 215,216,218
	CMYK 48,39,37,0	RGB 149,149,149
	CMYK 12,9,9,0	RGB 230,230,230

3.4.5 多色混搭的运用

在进行书籍装帧设计时，如果想设计出丰富多彩的画面，就会采用多种颜色混合搭配的手法。多色混搭能有效避免画面单调乏味，但如果搭配出错也容易产生混乱感。如果要让色彩显得相对柔和，可以选择浅色的色彩进行混搭，浅色搭配有助于减弱视觉冲击力；如果要让色彩显得缤纷亮眼，可以在混搭时运用强对比色。

○ 思路赏析

该书封面中有红色、粉色、绿色、蓝色、灰色等色彩，丰富的色彩描绘了一个有趣的画面，插图的设计表明了这是一本儿童书。

○ 配色赏析

这是一本儿童书，因此在配色上降低了明度和饱和度之间的对比，通过弱化对比度来强调柔和感。

CMYK 44,1,17,0	RGB 152,217,223
CMYK 10,85,86,0	RGB 231,70,41
CMYK 47,23,65,0	RGB 154,176,112
CMYK 13,48,22,0	RGB 228,158,169

○ 设计思考

多色搭配能产生丰富的色彩变化，可通过强调色相、面积、冷暖等方式来表达情感色彩，使画面更有层次感。

○ 同类赏析

◀该书籍的主角是一名女性，所以用粉色、黄色、蓝色、绿色等多种色彩拼成一个女性的形象，色彩间有明确的界限，有种魔幻现实般的感觉。

书中的故事涉及青少年、学校、社交等话题，配色方案很美观，运用了青绿色、粉色、紫色、黄色等色彩，色调整体协调，打造了具有复古感的画面场景。▶

CMYK 0,68,2,0	RGB 252,119,176
CMYK 6,21,88,0	RGB 252,211,9
CMYK 63,13,0,0	RGB 73,188,255
CMYK 12,98,100,0	RGB 228,6,19

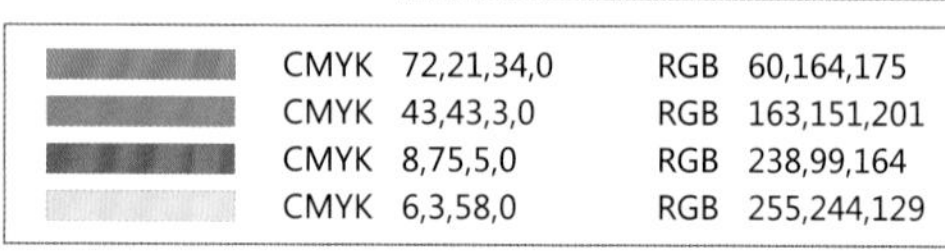

CMYK 72,21,34,0	RGB 60,164,175
CMYK 43,43,3,0	RGB 163,151,201
CMYK 8,75,5,0	RGB 238,99,164
CMYK 6,3,58,0	RGB 255,244,129

3.4.6 无彩色和有彩色的运用

在无彩色的衬托下，彩色往往会更加突出醒目。另外，无彩色也是很百搭的色彩，它们能与任何一种彩色和谐搭配。当无彩色与有彩色搭配时，可以强调彩色所具有的温度感，增强色彩的表现力和感染力。为了避免黑、白、灰色过于沉闷，也可以加入彩色，让色彩更加丰富。

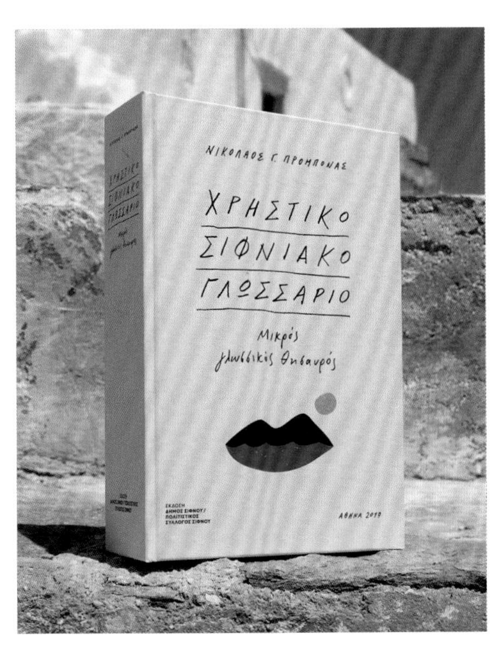

○ 思路赏析

这本书是一本综合词典，收录了希腊基克拉泽斯岛方言词条，封面中的视觉符号描绘了岛屿的轮廓，又能让人联想到嘴唇。

○ 配色赏析

背景色是纯净的白色，大面积单一的白色衬托出鲜明的视觉图形。

	CMYK	22,17,12,0	RGB	207,207,215
	CMYK	88,75,16,0	RGB	47,75,142
	CMYK	88,85,78,69	RGB	19,18,23
	CMYK	28,40,78,0	RGB	200,160,72

○ 设计思考

在无彩色中加入彩色，是打破黑白灰单调感的好方法。根据设计的需要，可以灵活加入暖色或冷色，让视觉既沉稳和谐，又有变化。

○ 同类赏析

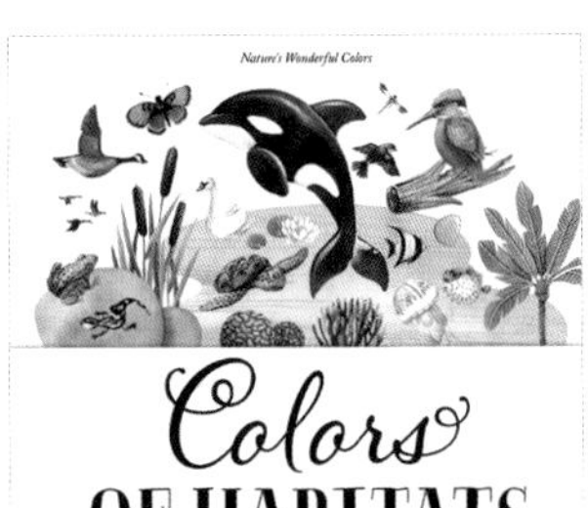

◀该封面的图形、色彩较多，为避免画面过于花哨，用白色作为底色，并且降低色彩的饱和度，使封面看起来干净舒适。

该小说的故事比较“黑暗”，配色也充分体现了这一点。红色的背景色如鲜血一般衬托了黑色的人物轮廓，整体配色给人一种神秘、沉重之感。▶

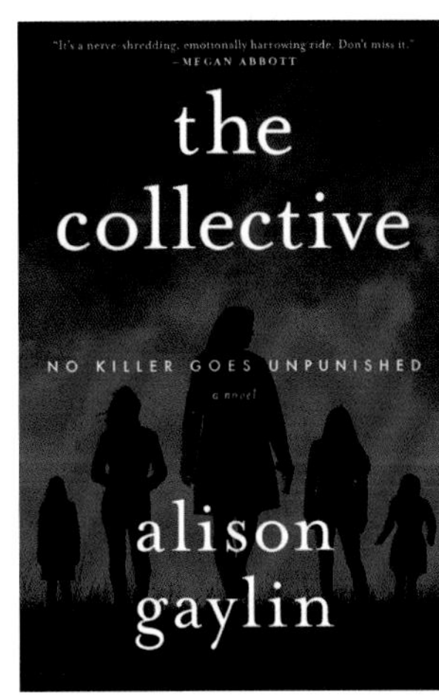

	CMYK	0,0,0,0	RGB	255,255,255
	CMYK	1,10,22,0	RGB	254,237,207
	CMYK	61,17,70,0	RGB	113,174,107
	CMYK	0,55,29,0	RGB	255,150,152

	CMYK	6,96,88,0	RGB	237,27,36
	CMYK	62,92,91,58	RGB	68,20,18
	CMYK	91,86,87,77	RGB	5,7,6
	CMYK	0,0,0,0	RGB	255,254,255

3.4.7 色彩比例关系的运用

色彩的运用要注意比例关系的把握，我们看某些海报、插画时，往往觉得其抓不住重点，这就是因为没有把握好色彩的比例关系。以三色搭配为例，常用的色彩搭配比例有7：2：1、6：3：1等，这两种比例关系都有一个重要的特征，就是色彩有主有次，主色占一半以上的比例，次要色彩的占比依次降低。

○ 思路赏析

该杂志的封面展示了动荡的季节人们是如何应对封锁的。设计师将版面划分为块状，分别展示不同的场景，使设计既整齐又有规律。

○ 配色赏析

主要色彩是蓝色，橙色作为辅助色丰富画面色彩，色彩交错搭配，富有变化。

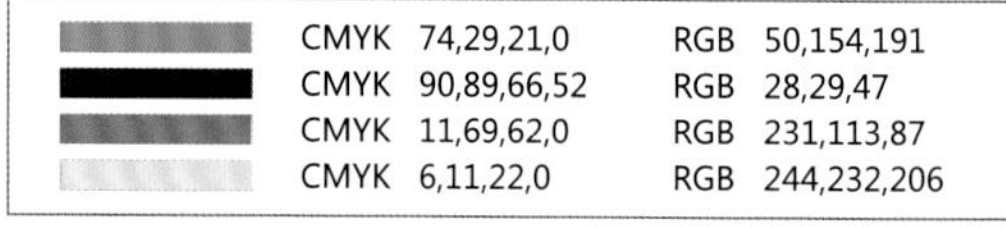

CMYK 74,29,21,0	RGB 50,154,191
CMYK 90,89,66,52	RGB 28,29,47
CMYK 11,69,62,0	RGB 231,113,87
CMYK 6,11,22,0	RGB 244,232,206

○ 设计思考

按照色彩的功能，可以将色彩分为主色调、辅助色和强调色，主色定主要基调，辅助色丰富配色，强调色突出要强调的主题。

○ 同类赏析

◀这是一本适合儿童阅读的教育类图文书籍，封面在配色上主次分明，白色占据绝大多数面积，少量的有彩色描绘图形，使图形一眼就能被识别。

蓝色是主色调，辅助色是白色和黑色，黄色与蓝色形成对比，也是画面中的强调色，虽然面积不大，却在视觉上形成冲击感，是封面的吸睛色，也寓意着“照亮”的含义。▶

CMYK 0,0,0,0	RGB 255,255,255
CMYK 74,48,99,9	RGB 83,113,51
CMYK 68,28,37,0	RGB 87,156,163
CMYK 38,52,61,0	RGB 176,133,101

CMYK 45,13,11,0	RGB 151,199,122
CMYK 1,0,2,0	RGB 252,255,253
CMYK 93,87,89,79	RGB 0,2,0
CMYK 6,22,78,0	RGB 252,210,64

第4章

书籍装帧中的版式设计

学习目标

版式设计是将文字、图形、色彩有组织地编排在版面上的过程。版式设计并不是简单的内容编排，它会影响视觉信息的传达，设计师要根据内容表达的需要来设计版式。同时，也要让版面的呈现效果符合审美规律。在视觉上给读者以美感。

赏析要点

版式设计的原则
版式设计的基本要素
版式设计的布局秩序
版式设计的视觉流向
版式设计的信息表达
中轴型布局
重心型布局
并置型布局
斜线型布局

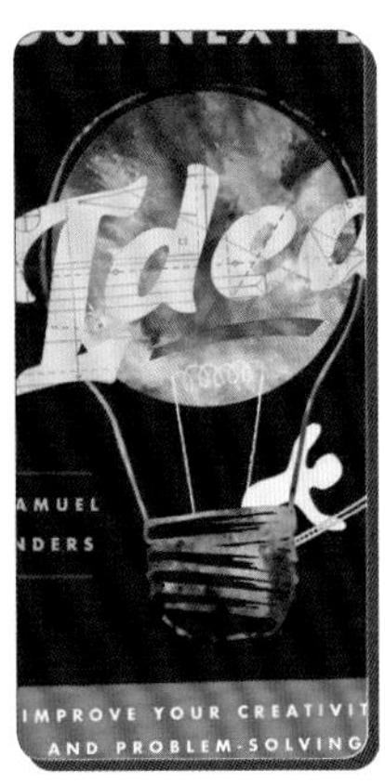

4.1 版式设计的基本概念

版式即版面格式，也是艺术设计的一种形式。在书籍装帧设计中，版式设计是设计师必须掌握的一项基本技能，不管是封面、环衬还是内页，都离不开版式设计。版式设计的主要目的是更好地传递信息。因此，版式设计要为内容和读者服务，发挥“信息桥梁”的作用。

4.1.1 版式设计的原则

平面刊物和电子刊物都涉及版式设计。书籍装帧的版式设计就是在既定的开本基础上，对内容、图形和装饰等进行编排，编排时要遵循以下设计原则。

1. 思想性原则

思想性是指版式设计要体现书籍的主题思想，通过内容的合理安排，将信息传递给读者，使读者理解信息含义。下列是一本医学杂志的版面效果，该杂志每一期的版式设计都体现了思想性原则，根据主题的不同，选用不同的视觉识别符号，并将这些视觉符号放在版面的显眼位置，在图形的一旁用文字说明当期杂志的主题，版式设计简单明了，使读者一眼就能理解信息内容。

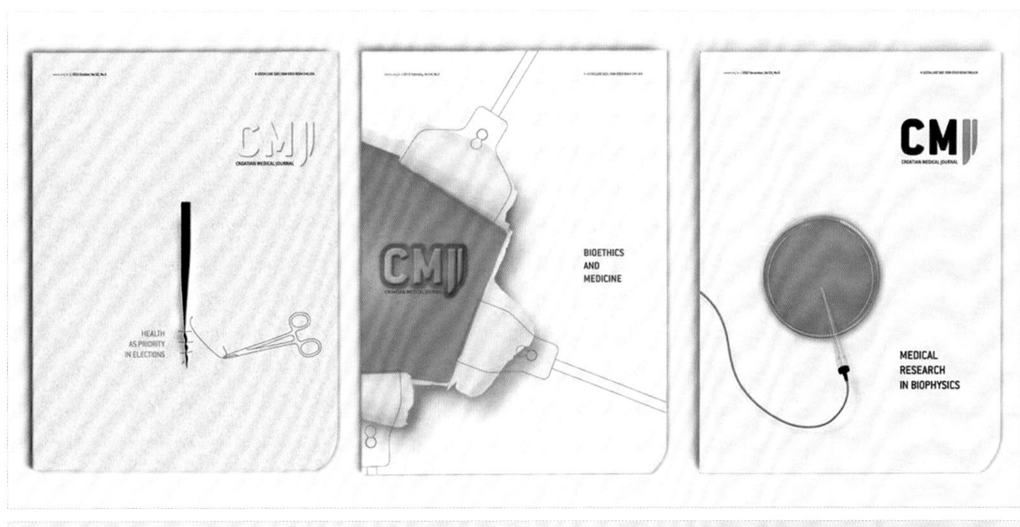

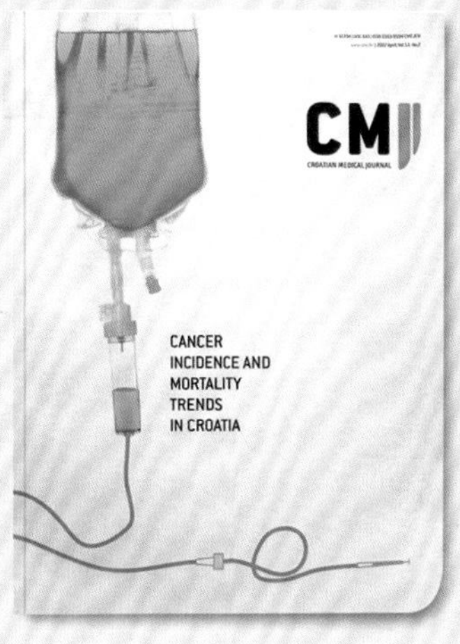

2. 美学性原则

版式设计也要满足视觉上的美感需求，没有美感的版面就会让读者失去阅读的兴趣。因此，版面设计也要赏心悦目。适当运用美学原理来设计版面，能够让版面更具有审美情趣，也能增强书籍对读者的吸引力。

下列左图运用了框架式构图方式，版面空间的有序划赋予画面极强的美感；右图在色彩上运用了渐变手法，把黄昏、夜晚、黎明的色彩融入其中，同时也与书名相互呼应Dusk,Night,Dawn：On Revival and Courage。两本书的版面看起来既舒适美观，又体现了书籍的主题。

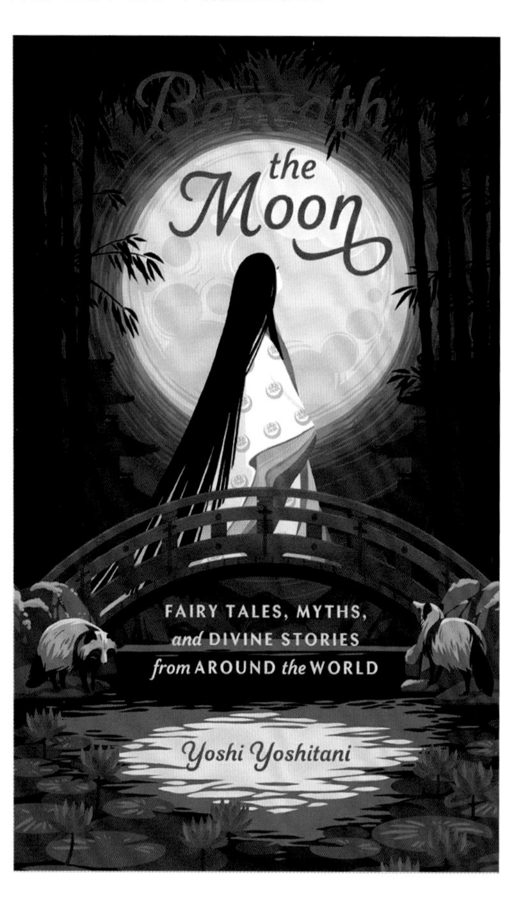

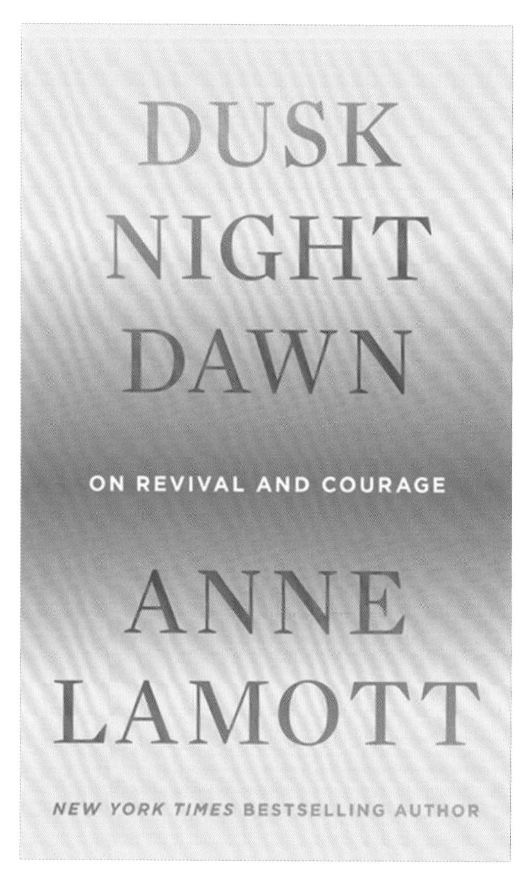

3. 引导性原则

作为一种视觉传播方式，版式设计也要发挥视觉引导的作用。从设计的角度来看，构图、色彩、文字都可以成为引线，引导读者去阅读和思考。

下列左图是一本科学与自然类书籍，版面设计综合运用拼图与元素周期表，尽可能突出主要信息，信息传递极具层级表现力，并增强了信息传递的引导性。右图的书籍介绍了如何在职场和生活中提高创造力和解决问题的能力。视觉元素按照从上到下的方向排列，使内容的阅读具有很强的引导性，中心的多彩灯泡和文字“idea”概括了主题。

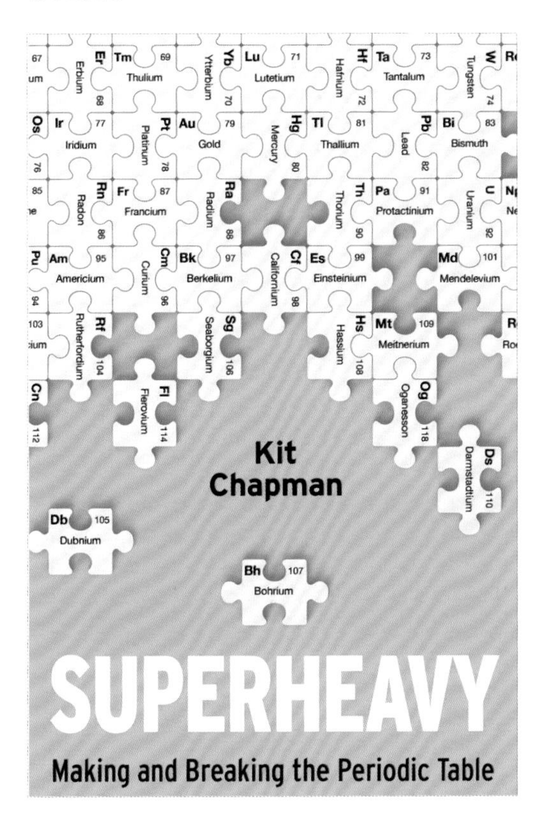

4. 创意性原则

书籍的版面设计也可以靠趣味性和独创性来取胜，有创意的版式设计无疑能在视觉上吸引读者的注意力。下列书籍的版式具有鲜明的个性，能够强化读者的记忆。

4.1.2 版式设计的基本要素

版式设计有3个重要的基本要素，包括点、线、面，通过这3个基本要素的有序安排可以设计出各式各样的版面空间。

1. 点

在版面中，点是最基本的元素，一个字、图形都可以看作是点。点可以位于版面的任何位置，不同位置的点会带来不同的心理效应。点有聚焦视线的功效，也可以起到填补空间、点缀空间、活跃空间的作用。

点有不同的形状，方形的点看起来平稳大方，圆形的点看起来饱满圆润，三角形的点看起来更张扬，不规则的点更富有个性。从位置上来看，点可以居上、居中、居下、居左、居右。在进行版式设计时，可以根据设计需要来灵活安排点。下列封面中的圆形就是典型的点，左图的点排列整齐，具有稳定感，右图的点为不规则排列，有倾斜之感。

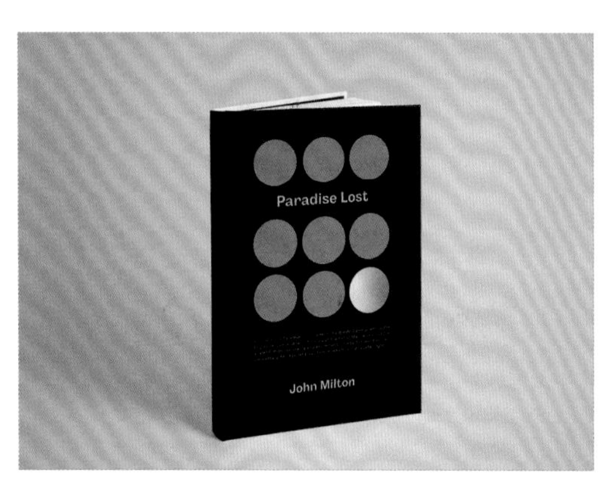

2. 线

线是由点移动产生的轨迹，版式设计中的线可以有多种形式，一段文字、几何线条、连续排列的图形都是线的表现形式。每一种线都有其个性特征，直线刚强有力，曲线柔和优雅，将线运用于版式设计中，可以获得各种不同的效果。

线具有分割画面的作用，也能构成各种装饰要素以及图形，作为重要的设计要素，线在版面中会占据比较大的空间。线具有延伸性，这使得线还具有视觉引导的作用，它可以通过方向、排列设计来引导视觉。下列书籍封面中的彩旗、路都是线。

3. 面

面可以由点聚集而成，也是线移动的轨迹。面有长度、宽度和形状，它能划分版面区域，让版面更富有变化。面的区域划分作用能让版面显得条理清晰，在进行信息阅读时，可以给读者明确的区域划分暗示。下列书中的文字、图形都构成了面。

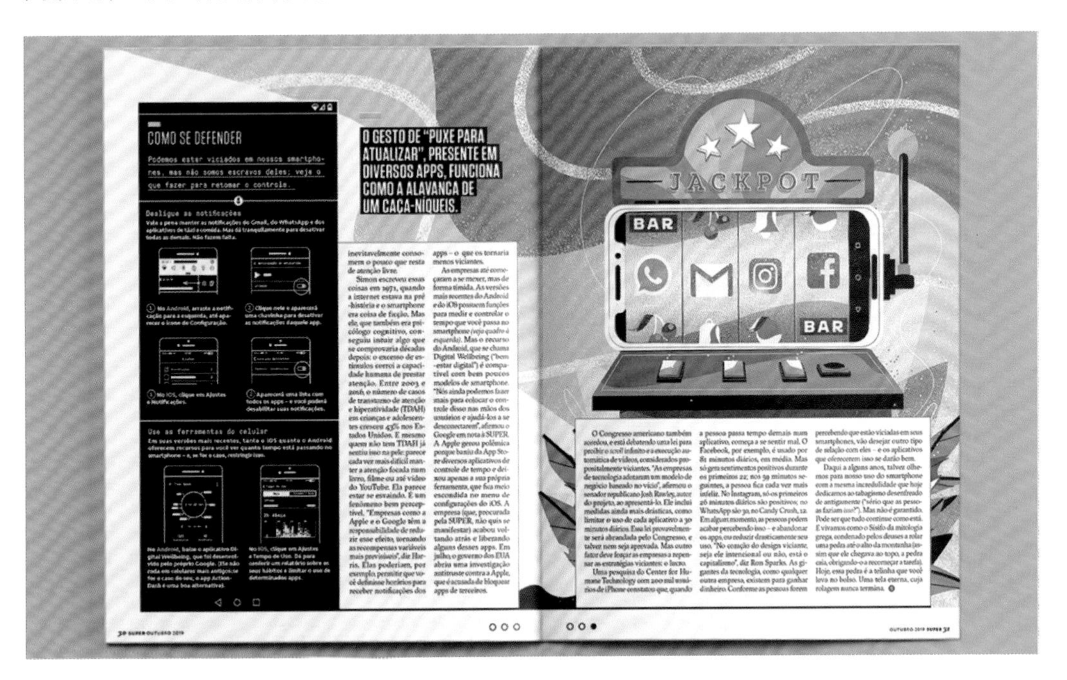

4.2 版式设计的基本要求

版面编排可以有多种视觉表现和风格样式，但是优秀的版面设计都必须符合版面编排基本要求。好的版式设计能使书籍主题突出，在图文的编排上，并不是简单的搭配，而会有层次、方向。在进行版式设计时，要把握3个方面的基本要求，包括版式设计的布局秩序、视觉流向和信息表达。

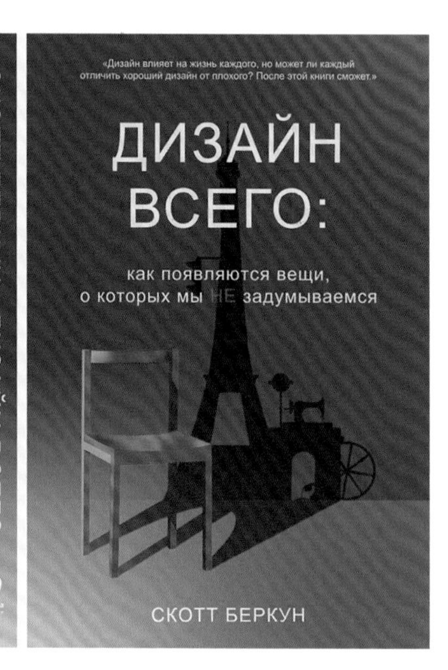

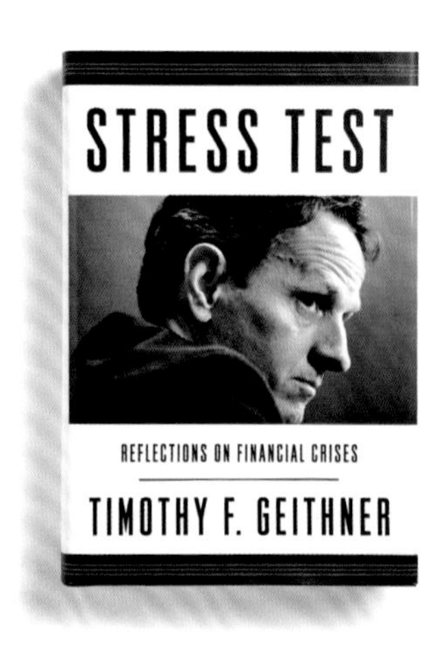

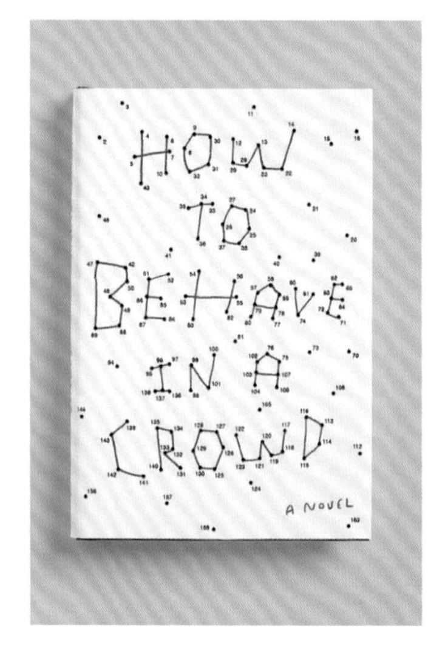

4.2.1 版式设计的布局秩序

版式设计的整体布局应有明确的秩序性，要让读者在阅读时有清晰的条理，知道书籍的主题思想是什么，内容应该如何阅读。如果版面的布局没有秩序，图文编排松散、各自为政，就会让读者在阅读时摸不着头脑，也无法表达创作者的思想情感，使版式设计失去其应有的价值。

CMYK	RGB	CMYK	RGB
26,77,87,0	202,89,47	16,23,89,0	232,199,26
84,56,47,2	45,106,124	10,8,8,0	233,233,233

思路赏析

该设计作品内容的布局遵循从左往右，从上往下的设计原则，而采用图文搭配的方式既可以减少读者的视觉疲劳感，也能够增强阅读的趣味性。

配色赏析

画面中有橙色、绿色、黄色等色彩，色彩丰富但色调风格保持一致，看起来和谐统一，字体选用黑色，在彩色背景下也能很好地识别。

设计思考

书籍内页一般以内容为主，版式设计上更要注重秩序性。为避免排版混乱，图文搭配时常采用上图下文、上文下图、左图右文、右文左图的布局方式。

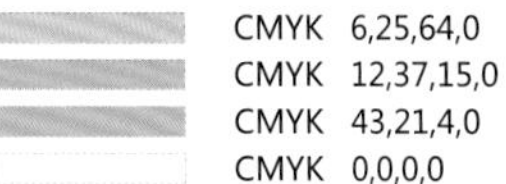

CMYK	6,25,64,0	RGB	248,204,106
CMYK	12,37,15,0	RGB	230,180,191
CMYK	43,21,4,0	RGB	159,189,227
CMYK	0,0,0,0	RGB	255,255,25

CMYK	44,40,53,0	RGB	161,150,122
CMYK	35,51,62,0	RGB	183,137,101
CMYK	24,23,28,0	RGB	203,195,182
CMYK	72,57,100,21	RGB	83,93,40

○ 同类赏析

该设计作品以垂直布局方式安排版面空间，把整个版面分为上、中、下3个部分，构图牵引着读者从上往下阅读，最后将视觉重心留在版面中心。

○ 同类赏析

这本适合儿童阅读的棋类游戏互动书，棋盘游戏的背景是受儿童欢迎的童话故事，版面分割平衡，数字、曲线、图形的布局很有秩序感。

○ 其他欣赏 ○　　**○ 其他欣赏 ○**　　**○ 其他欣赏 ○**

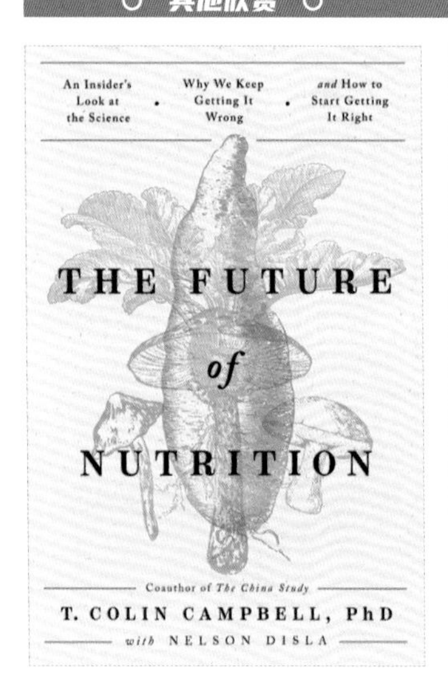

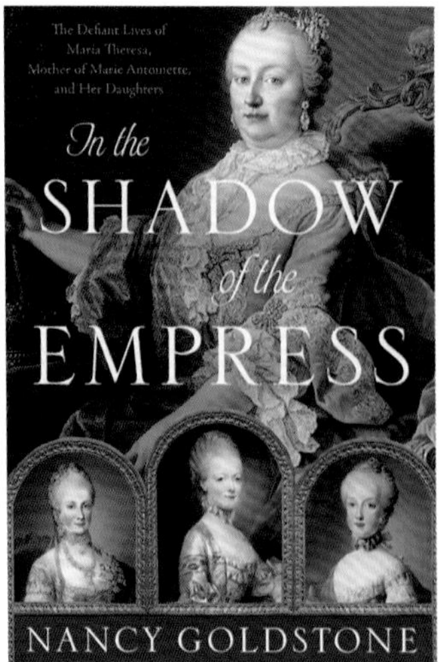

4.2.2 版式设计的视觉流向

视觉流向即视觉流动的方向，人们的阅读总是从一个点移动向另一个点，这样就形成了视觉流向。版式的视觉流向要从阅读舒适度和节奏变化两方面来考虑，从人们的阅读习惯来看，基本的视觉流向规律是从上到下、从左到右，因此，大多数书籍都会按垂直、水平的方向来编排元素。在此基础上，还可以让视觉流向富有节奏变化，让版面看起来更生动。

	CMYK	RGB		CMYK	RGB
	67,41,42,0	101,136,142		20,6,73,0	224,226,91
	37,82,73,1	179,76,69		47,9,76,0	156,197,63

○ 思路赏析

这是一本适合儿童阅读的图画书，为横向长方形开本，左文右图的版面设计方式可以引导读者的视线首先注意到图书的标题，其次才是人物，视觉流向呈直线性特征。

○ 配色赏析

该书的封面绚丽多彩，红色、黄色、绿色……这些色彩都符合儿童的喜好，水彩质感的插图向儿童展现了一座城市的迷人风采。

○ 设计思考

文字的编排可通过大小、色彩变化来让内容呈现富有节奏感，图形上的线条变化也可以提升版面的吸引力。本案例的图形有直线、曲线、斜线，因此看起来并不呆板。

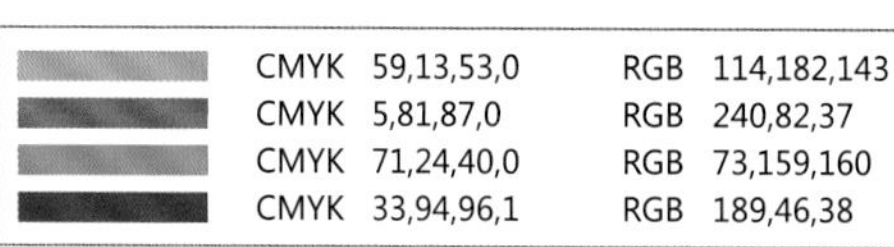

	CMYK	59,13,53,0	RGB 114,182,143
	CMYK	5,81,87,0	RGB 240,82,37
	CMYK	71,24,40,0	RGB 73,159,160
	CMYK	33,94,96,1	RGB 189,46,38

○ 同类赏析

这是一本介绍“龙”的图画书，开本尺寸接近于正方形，将图文都安排在版面的中心，将视线焦点固定于中心区域，一眼就能锁定主要内容。

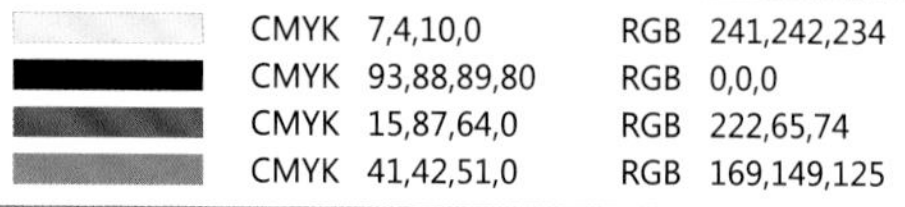

	CMYK	7,4,10,0	RGB 241,242,234
	CMYK	93,88,89,80	RGB 0,0,0
	CMYK	15,87,64,0	RGB 222,65,74
	CMYK	41,42,51,0	RGB 169,149,125

○ 同类赏析

版面被分为多个“隔间”，版面设计既简单直观又具有创意，整体布局呈现水平和垂直视觉流向，视觉节奏上也极具跳跃感。

○ 其他欣赏 ○　　**○ 其他欣赏 ○**　　**○ 其他欣赏 ○**

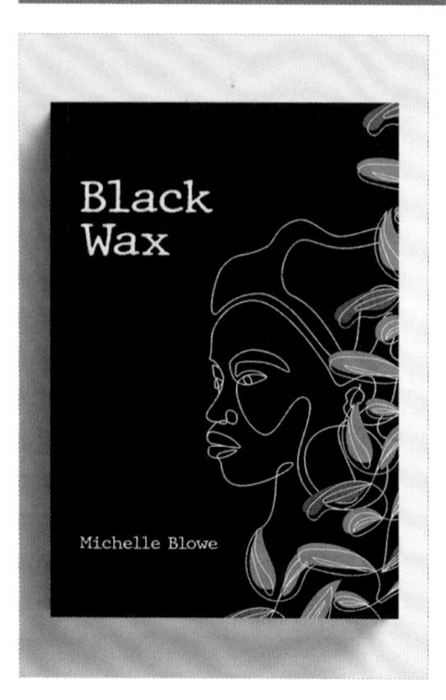

4.2.3 版式设计的信息表达

版式设计的信息表达应满足清晰性和易读性的要求，清晰易读的版式能够帮助读者理清思路，增进对内容的理解。另外，信息层次清晰的版面也能减少阅读的疲劳感。当一个版面中有多种信息时，在版式设计上就要体现条理性，通过大小比例、面积关系、色彩/线条分割、留白等方式将各种信息分类传递。

	CMYK	RGB		CMYK	RGB
	CMYK 75,65,63,19	RGB 77,83,83		CMYK 24,18,17,0	RGB 202,203,205
	CMYK 17,27,28,0	RGB 220,194,179		CMYK 92,87,88,89	RGB 0,2,1

○ 思路赏析

该杂志的内页版面设计，图形和文字错落排版，既不影响图片识别，也不影响内容阅读，文案内容有段落层次感，阅读起来更轻松。

○ 配色赏析

内页背景分别使用了灰色和棕色，较深的背景选用较浅的字体，较浅的背景选用较深的字体，从色彩上保证了内容的可阅读性。

○ 设计思考

版式设计包含内容、图形以及色彩安排等，当有多段文字内容时，要对文字进行行、段安排，避免过量的信息堆积，以减轻读者阅读的压力。

	CMYK 19,100,100,0	RGB 216,8,24
	CMYK 32,25,24,0	RGB 184,184,184
	CMYK 15,32,90,0	RGB 232,184,24
	CMYK 82,15,17,0	RGB 227,218,209

○ 同类赏析

该书内文的版式设计非常注重清晰性和易读性，文字有大小对比，一种作为标题，一种作为正文，用线条分割板块，内容层次一目了然。

	CMYK 5,7,13,0	RGB 246,240,226
	CMYK 9,84,94,0	RGB 232,74,26
	CMYK 81,54,48,2	RGB 60,109,123
	CMYK 94,96,60,45	RGB 27,27,45

○ 同类赏析

该书封面设计采用图文搭配的方式，文字安排在空白处，文案部分的行距、段落安排适当，字体有大小、色彩上的区别，内容阅读清晰明了。

○ 其他欣赏 ○　**○ 其他欣赏 ○**　**○ 其他欣赏 ○**

4.3 版式设计的常见布局

在对视觉元素进行艺术化、秩序化编排的过程中，会涉及视觉元素的布局问题。版式设计的布局方式有多种，常见的有中轴型布局、分割型布局、重心型布局、并置型布局等。这些布局方式都有一定的规律可循，设计师可以从这些常见的布局方式中找到版面设计的灵感。

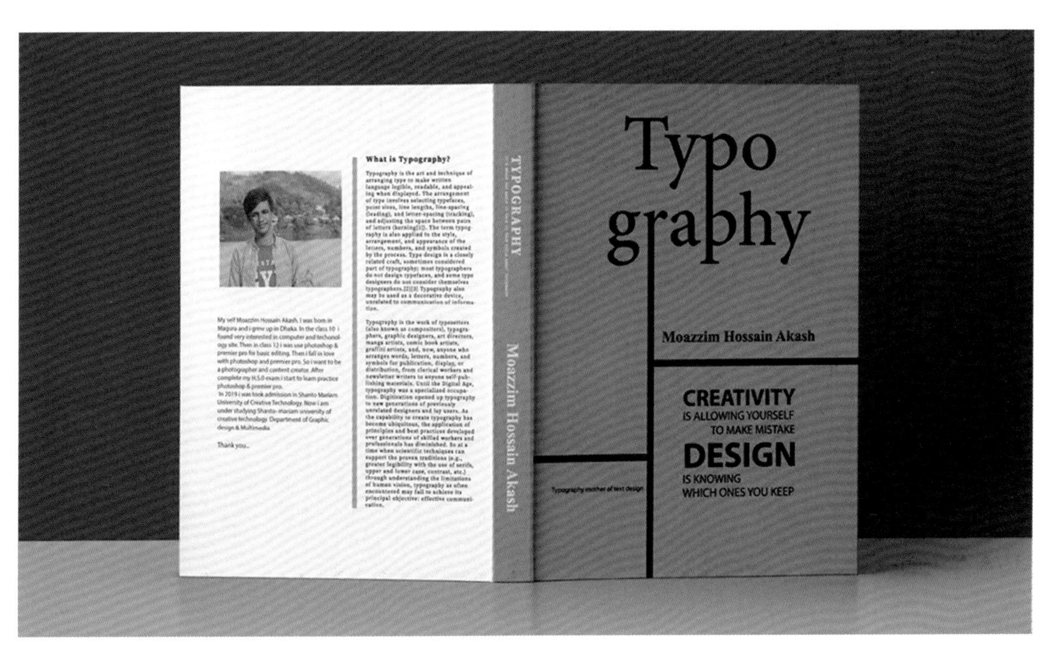

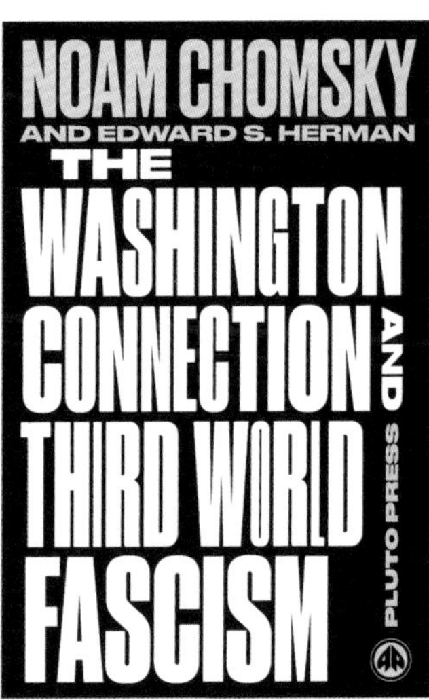

4.3.1 中轴型布局

中轴型布局是指将主体视觉元素沿垂直或水平的中轴线排布，这种布局方式常会给人一种平稳、安静的视觉感受。采用中轴型布局时，版面常常会呈现出对称的特性，画面中的视觉元素也很有秩序感，看起来规整稳定、醒目大方。如果主体面积足够大，还会使画面产生很强的冲击力。

CMYK	RGB	CMYK	RGB
CMYK 77,97,62,47	RGB 58,22,50	CMYK 45,56,96,2	RGB 163,122,43
CMYK 33,90,90,1	RGB 189,59,46	CMYK 13,10,10,0	RGB 228,228,228

○ 思路赏析

作为系列丛书，该书籍的装帧设计体现了丛书的整体性。以字母作为主要视觉形象，整体风格高度统一，字体给人的感觉既优雅又具有一定的戏剧性。

○ 配色赏析

每本书的背景虽色彩不同，但风格和谐统一。从配色可以看出3本书之间的关联性，如第一本书的字体选用了第三本书的背景色，配色上体现了系列丛书的特征。

○ 结构赏析

字母以中轴线为轴心居中依次排列，视觉上很有秩序感，在文字的周围增添了曲线线条，线条有粗有细，与文字相互呼应，使整个版面产生了一种行云流水般的艺术感。

○ 设计思考

丛书的装帧设计要在设计形式上具有统一性，包括开本、材质、封皮、装订方式和版式的设计，要给读者留下“这是一套书”的印象。

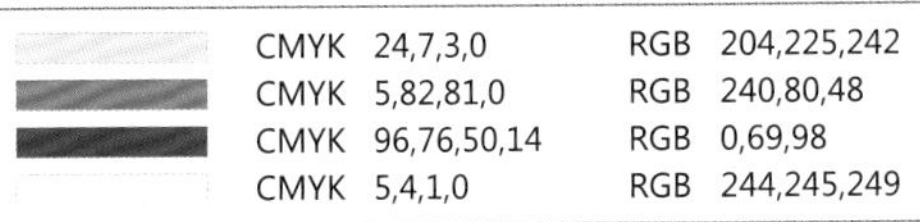

	CMYK	RGB
	24,7,3,0	204,225,242
	5,82,81,0	240,80,48
	96,76,50,14	0,69,98
	5,4,1,0	244,245,249

○ 同类赏析

这本书的文字、图片居中排列在版面正中，图片的展示醒目大方，整体布局呈现出对称的特征，主体对象得到很好的突出。

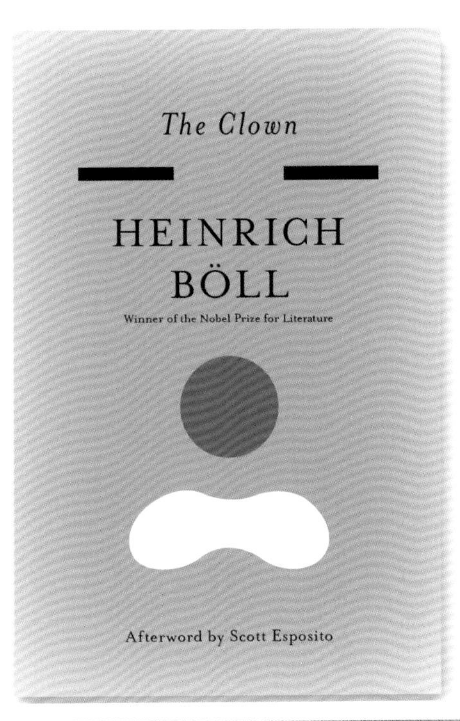

	CMYK	RGB
	39,30,28,0	170,171,173
	12,96,90,0	227,28,35
	0,0,0,0	255,255,255
	93,88,89,80	1,1,1

○ 同类赏析

这是一本长篇小说，“The Clown”是小丑的含义，封面设计以中轴布局方式将小丑形象融入其中，红色的鼻子尤为突出。

○ 其他欣赏 ○

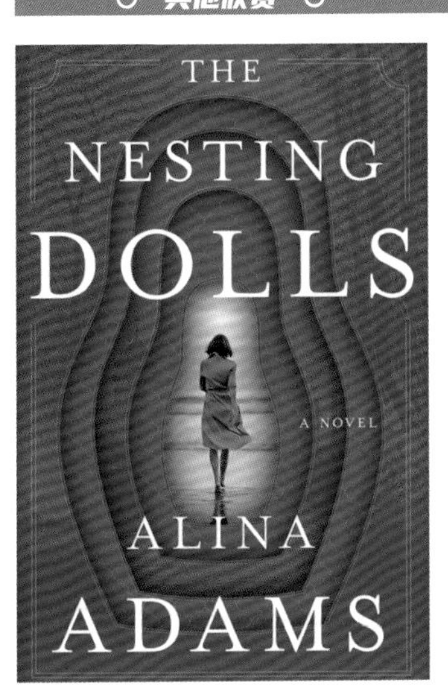

○ 其他欣赏 ○

○ 其他欣赏 ○

4.3.2 分割型布局

分割型布局是指将版面分割为几部分，分别安排图片和文字。以常见的左右分割型布局为例，就是将版面划分为左右两部分，比例并不固定，可以根据内容设定为1 ：2或1 ：1等，然后在左右两个部分中安排视觉元素。分割型布局结构稳当，版面看起来更加和谐、严谨。

	CMYK	RGB		CMYK	RGB
	CMYK 83,95,40,6	RGB 76,47,103		CMYK 85,37,100,1	RGB 4,130,59
	CMYK 12,27,91,0	RGB 239,195,2		CMYK 16,58,79,0	RGB 222,134,62

思路赏析

这本书籍讲述了一个超级英雄的故事，封面也将这个超级英雄作为主体，放在视觉的中心位置，版面中的图形元素充分体现了故事发生地的特色。

配色赏析

该封面的色彩相对比较丰富，使用了紫色、橙色、绿色等色彩，用色彩来吸引读者的注意力。封底的色彩更简洁，能使读者专注于封底文字的阅读。

结构赏析

该书封面采用分割型布局方式，按照一定的比例将版面分割为多个部分，主体人物占据的面积最大，其他元素占据版面的各个位置，版式的布局设计具有平衡感。

设计思考

分割线可以是实体的线条，也可以是留白、色彩、图片背景等，分割线可以帮助读者理清版面层次，留白能让版面具有空间感，根据版面需要还可采用其他分割方式。

Slouching Towards Los Angeles

Living and Writing by Joan Didion's Light

EDITED BY STEFFIE NELSON

CMYK		RGB	
CMYK	3,6,13,0	RGB	251,244,228
CMYK	93,88,89,80	RGB	0,1,0
CMYK	77,29,12,0	RGB	12,153,206
CMYK	18,97,89,0	RGB	217,32,40

CMYK		RGB	
CMYK	60,5,0,0	RGB	83,200,253
CMYK	0,96,93,0	RGB	250,11,14
CMYK	10,0,35,0	RGB	243,254,188
CMYK	69,71,63,23	RGB	89,73,76

同类赏析

上图是一本随笔书的封面。封面的横向的分割线把版面分为两个部分，同时也实现了文字内容的分割，这里的分割线可以理解为“：”。

同类赏析

该版面按照1 ：2的比例分割，文字占1/3的版面空间，图形占2/3的版面空间，这样的比例分配属于三分线分割，是版面设计常用的分割法则。

其他欣赏

其他欣赏

其他欣赏

4.3.3 重心型布局

重心型布局是指为版面设计一个明显的视觉重心，使视觉焦点更加明确、直接。重心型布局有3种主要的布局形式，一是向心布局，让视觉元素向中心聚拢；二是离心布局，让视觉元素向外发散；三是让一个主要的视觉元素占据版面中心。这3种布局方式都具有聚焦视线的作用。

CMYK 11,8,11,0	RGB 232,233,228		CMYK 9,7,6,0	RGB 235,236,238
CMYK 69,60,61,10	RGB 95,97,92		CMYK 39,62,86,1	RGB 176,114,57

○ 思路赏析

Port杂志定位于男士时尚服饰、艺术设计与生活，封面设计体现了杂志定位，版面编排、配色和风格都具有统一性，能给读者留下较为深刻的印象。

○ 配色赏析

该封面以黑色、白色、灰色为主色，无彩色系的搭配让杂志更显深刻。在黑、白、灰的主基调上加入一些彩色文字，如红色、橙色等，使文字更醒目。

○ 结构赏析

杂志的版面设计十分简洁，主要特点是将主体人物放在版面的中心，将杂志名靠上排列，版面中有明显的视觉重心，读者的视线会集中于人物本身。

○ 设计思考

杂志的装帧设计要体现杂志本身的风格和定位，本案例定位于男士时尚、艺术类杂志，因此封面的视觉主体为男士人物写真，女性时尚杂志则可以以女性人物写真作为主体。

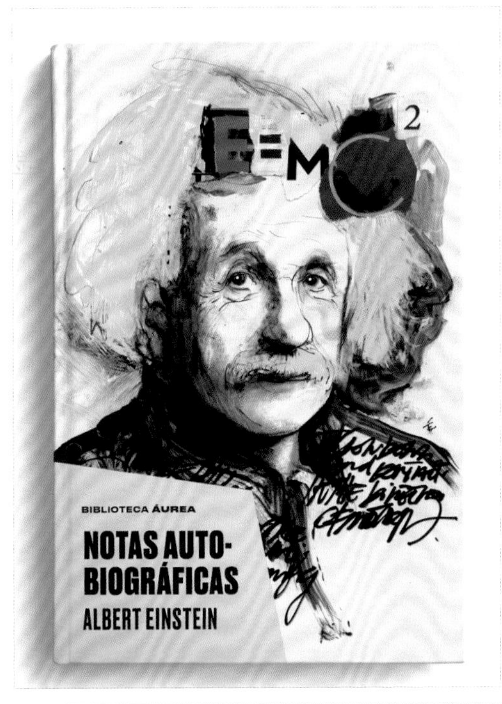

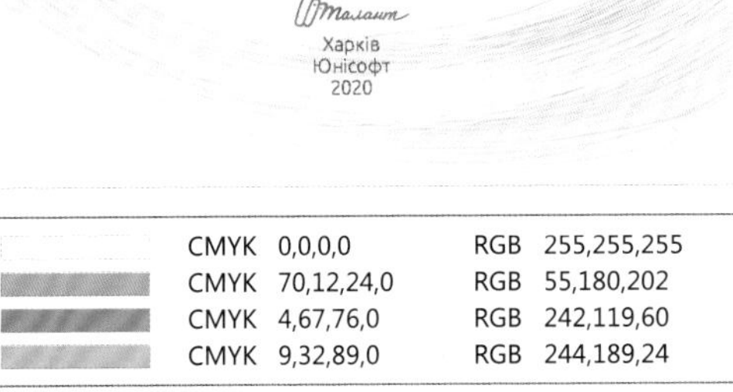

	CMYK		RGB	
	CMYK	0,0,0,0	RGB	255,255,255
	CMYK	70,12,24,0	RGB	55,180,202
	CMYK	4,67,76,0	RGB	242,119,60
	CMYK	9,32,89,0	RGB	244,189,24

	CMYK		RGB	
	CMYK	9,6,12,0	RGB	238,238,228
	CMYK	18,10,90,0	RGB	230,220,8
	CMYK	29,94,26,0	RGB	198,36,119
	CMYK	93,88,89,80	RGB	1,0,0

○ 同类赏析

该版面中的干扰元素较少，曲线围绕视觉主体运动并形成视觉焦点，视线会自然地聚焦在版面的中心，更利于传递书名信息。

○ 同类赏析

该封面主体人物占据版面的中心位置，使人看到封面的第一眼，就会自然地与主体人物进行对视，版式设计发挥了突出主体、聚焦视线的作用。

○ 其他欣赏 ○

○ 其他欣赏 ○

○ 其他欣赏 ○

4.3.4 并置型布局

并置型布局是指将相同或相似的视觉元素按照一定的规律重复排列在版面中。视觉元素的并置排列可以产生对比效果，由于排列具有一定的秩序性，又会让版面显得有节奏感。当要强调某一视觉元素时，也可以使用并置型布局，将要强调的视觉元素重复排列在版面中。

CMYK	RGB
CMYK 69,62,58,10	RGB 97,94,95
CMYK 95,20,19,0	RGB 196,197,199
CMYK 17,14,90,0	RGB 233,215,13
CMYK 3,3,3,3	RGB 248,248,248

○ 思路赏析

该杂志定位于金融、财务、经济、职业、创业等内容，上图展示了一篇文章的内页版式设计效果，文章主题是关于投资的，将货币上的人物头像作为视觉元素，形象非常贴切。

○ 配色赏析

极致灰与明亮黄是2021年的流行色，杂志内文的设计也采用了这一组流行色搭配方案。灰色暗沉忧郁，黄色活力灿烂，在大面积的灰色中加入黄色，版面就有了“曙光”。

○ 结构赏析

多条斜线并置排列在版面中，斜线的运动方式一致，但粗细有所不同，视觉上没有喧闹感，而是带来了次序性和跃动性的效果，整体布局具有现代设计感。

○ 设计思考

将同一视觉元素做大小、位置不同的重复排列，可以获得对比效果。有一定联系但不同的视觉元素并置布局，能够产生相对的对称美，视觉元素的位置也可以灵活调整。

	CMYK	RGB
	CMYK 8,14,33,0	RGB 241,224,181
	CMYK 82,39,37,0	RGB 7,132,154
	CMYK 28,18,31,0	RGB 197,200,179
	CMYK 34,98,93,1	RGB 186,35,42

	CMYK	RGB
	CMYK 6,14,87,0	RGB 255,223,6
	CMYK 4,11,18,0	RGB 249,234,213
	CMYK 0,1,8,0	RGB 255,253,241
	CMYK 89,87,70,60	RGB 25,25,37

同类赏析

这是一本关于蝴蝶的编年史，封面上不同的蝴蝶规整地排列在版面中，画面严谨统一有秩序感，同时也突出了主体对象。

同类赏析

这是一本设计类书籍，书中展示了如何根据自己的设计剪裁上衣，封面将不同款式的上衣整齐排列，体现了服装剪裁的各种变化。

其他欣赏

其他欣赏

其他欣赏

4.3.5 斜线型布局

斜线型布局是将全部元素或部分元素按斜线方向进行倾斜编排，相比垂直线或水平线，斜线能让画面产生运动感、跳跃感。如果在版式设计中发现画面看起来比较呆板，这时不妨尝试倾斜布局，以打破画面的单一、平稳感，赋予画面一定的活力。斜线型布局还可以演变为曲线型、对角线型版式。

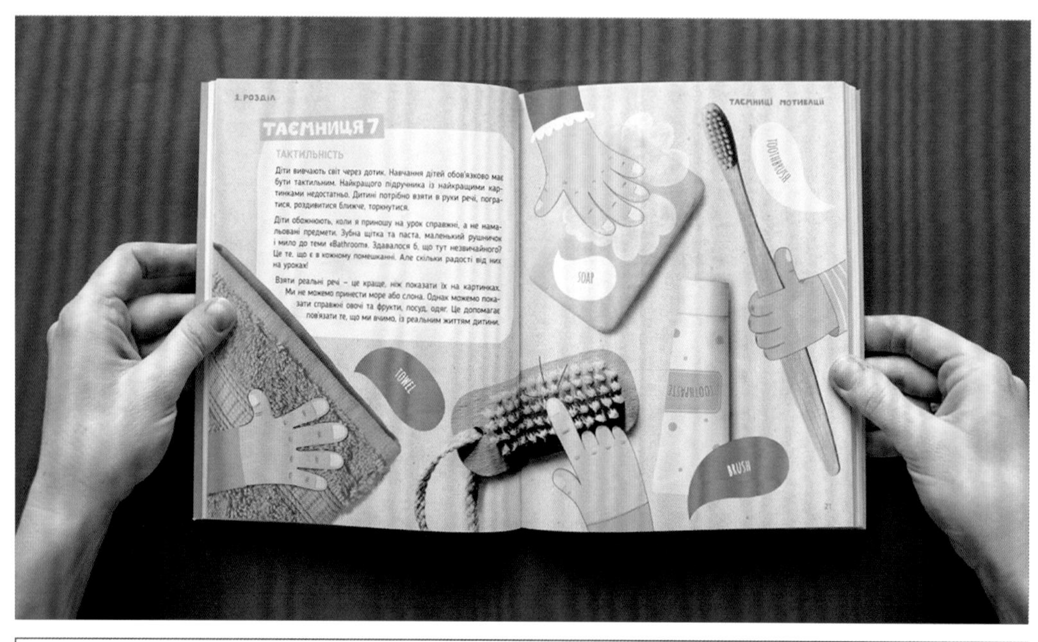

CMYK	RGB	CMYK	RGB
CMYK 17,14,2,0	RGB 219,218,236	CMYK 10,28,0,0	RGB 235,200,230
CMYK 5,38,80,0	RGB 249,179,57	CMYK 45,17,4,0	RGB 151,193,231

思路赏析

这是一本有声儿童读物，可以扫描书籍中的二维码在线听故事，开本设计考虑了儿童手掌的大小，装订采用无线胶装法，纸张较厚，儿童翻阅时也不容易损坏。

配色赏析

内页使用了粉色、淡蓝色、橙色等色彩，这些色彩的饱和度较低，不会产生强烈的视觉刺激感，整体配色看起来清新柔和，能够体现儿童的风格。

结构赏析

内页图形的编排没有采用横竖排列方式，而是使用了更具动感的倾斜布局方式，版面设计突出了活跃、动感的特点，能够提高儿童阅读的兴趣。

设计思考

儿童类书籍的装帧设计要考虑儿童读者的特点，从版式上来说，儿童书籍内页的排版不宜过于紧凑。除此之外，色彩和插画设计也要生动有趣，以激发让儿童发挥想象力，

	CMYK 10,7,9,0	RGB 234,234,232
	CMYK 24,86,73,0	RGB 205,67,65
	CMYK 83,53,67,0	RGB 47,106,104
	CMYK 79,74,70,43	RGB 52,52,54

同类赏析

该版面中的插画人物一对一地面对站立，以斜线方式布局，观之能使人产生一种不安定感，图形充分表达了书籍主题*Driven to impact*。

	CMYK 94,81,68,49	RGB 13,40,51
	CMYK 39,3,24,0	RGB 171,218,208
	CMYK 10,85,76,0	RGB 232,70,57
	CMYK 80,29,45,0	RGB 5,147,149

同类赏析

版面中运用了很多曲线，书名*Mensageira da Sorte*也稍为有点倾斜，使之出现律动性，也能与图形素材更好地搭配。

其他欣赏

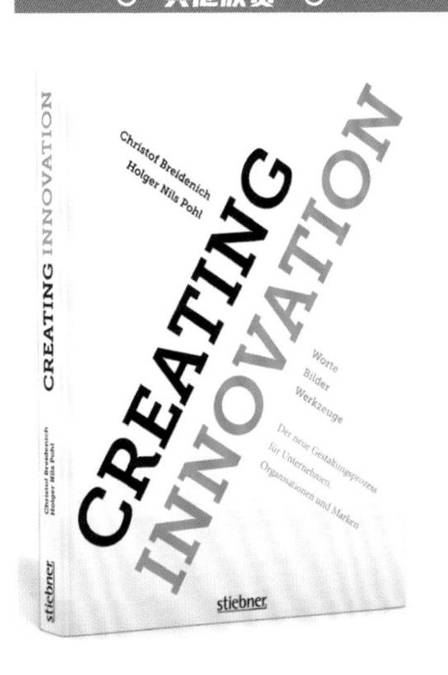

其他欣赏

其他欣赏

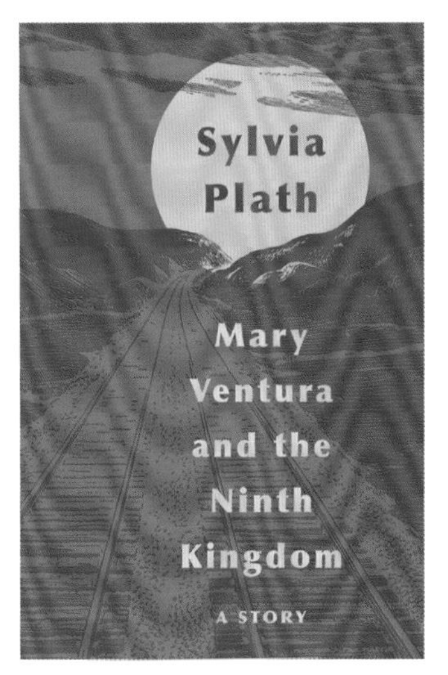

4.3.6 自由型布局

自由型布局是一种灵活的版式布局方式，这类版式个性比较突出，很考验设计师的创意能力。在版式设计中，如果要追求新颖独特的个性表现，那么自由型布局就是比较便于设计师发挥的。自由型布局追求无规则的版面形式，但无规则并不代表版面是杂乱无章的，版式设计仍有一定的逻辑性，能保证读者顺畅阅读。

CMYK	RGB	CMYK	RGB
CMYK 67,61,56,0	RGB 105,99,101	CMYK 53,8,5,0	RGB 123,202,241
CMYK 3,58,80,0	RGB 245,139,100	CMYK 30,17,44,0	RGB 195,201,157

○ 思路赏析

这本书籍的装帧利用了先进的印刷技术，封面的文字闪闪发光，与灰色的背景形成很好的对比，设计师将运动元素融入其中，由文字构成的图形呈现出扭曲的动感。

○ 结构赏析

不同大小的文字自由组合排列在版面中，看似没有规律的布局实际上有一定的逻辑性，通过色彩、摆放、大小的变化，让文字透露出一种活跃、轻快的气息，但并不影响内容识别。

○ 配色赏析

封面的文字呈现出彩虹般的颜色，色彩闪闪发光，还具有渐变效果，背景则选用了灰色色调，表面略带粗糙质感，背景与文字在色彩和材质上都形成鲜明的对比。

○ 设计思考

本案例的设计运用了先进的印刷技术，使封面给人眼前一亮的感觉，版式的设计也打破常规，没有让文字整齐地逐行排列，而是采用自由版式，增添了书籍的趣味性。

	CMYK	RGB
	83,80,72,54	38,37,42
	37,27,24,0	174,179,183
	16,13,8,0	221,220,226
	22,17,13,0	207,208,213

	CMYK	RGB
	17,12,19,0	221,221,209
	60,12,90,0	118,181,64
	76,41,16,0	62,135,186
	82,80,77,62	34,30,31

○ 同类赏析

该封面中一大一小的圆分别代表着自然界和人类社会，渐变线条、方块象征着理性的探索，与圆形成对比，自由型的布局方式体现了不同的视角。

○ 同类赏析

这是一本播客创业指南，版面打破了网格式的编排方式，图像通过组合、重构、色彩变化带来了无限的想象空间。

○ 其他欣赏 ○　　○ 其他欣赏 ○　　○ 其他欣赏 ○

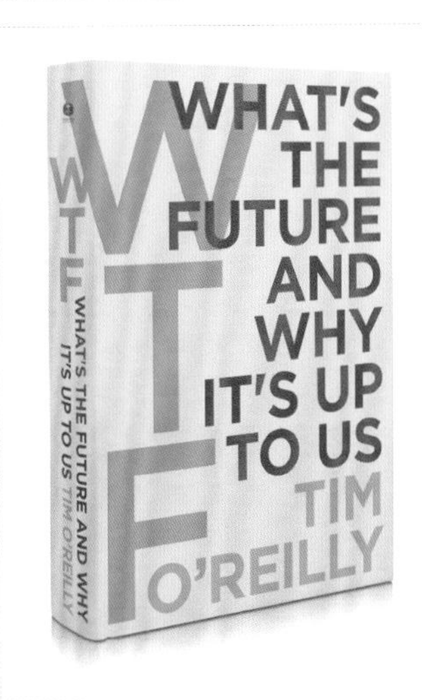

4.4 版式设计的要点

版式设计并不是简单地将文字、图片、色彩放在版面中，它凝聚了书籍的内涵、情感、视觉美学原理以及设计师的想象力，优秀的版式设计不仅能吸引读者的眼球，还能引发读者更多思考。在进行版式设计时要注意留白、内容层次等几个要点，这些要点会影响版面的视觉效果和信息传达。

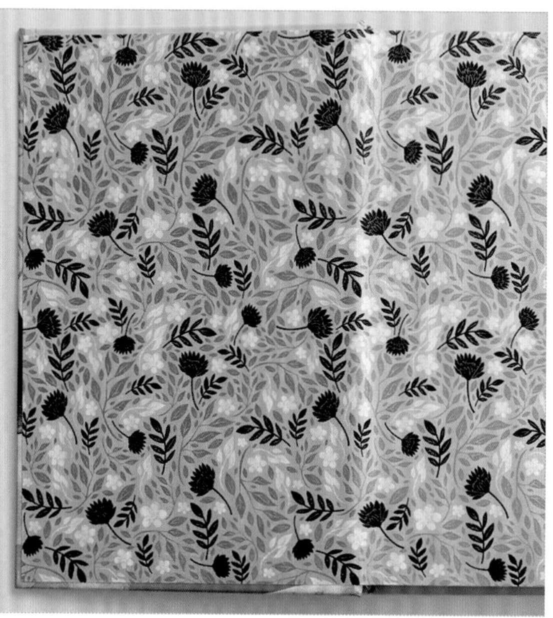

4.4.1 版式留白设计

版式设计在向读者传递信息的同时，也要留有空间让读者思考，留白就是留出一定的空间。在版式设计中很多设计师都会把重点放在实体图文的设计上，而忽略了留白的设计。实际上，留白也是版式设计的重要组成部分，运用好留白不仅能提升版面美感，还能提升阅读体验。

○ 思路赏析

该杂志内页的图文内容较多，版面非常注重留白设计，图文之间都留有一定的空间，能给读者营造一种轻松的阅读氛围。

○ 配色赏析

配色注重版式美感，人物形象是女性，色彩选用了清新柔和的蓝色、紫色等色彩，色彩上能凸显视觉感染力。

	CMYK	RGB
	CMYK 48,2,18,0	RGB 142,212,220
	CMYK 19,27,4,0	RGB 215,195,220
	CMYK 14,7,21,0	RGB 229,232,211

○ 设计思考

留白并不是指白色，而是指给版面留有无额外图文装饰的空间，文字间的区分隔断、无装饰的彩色背景都属于留白，当版面太紧密时就要考虑留白。

○ 同类赏析

◀左图是一本关于自然、可持续发展的书籍，版面设计清晰而有条理，留白更有效地凸显了图文，也增强了内容的可读性。

该书版式为极简设计风格，留白使主题的传达更直接有效，中心是抽象的“尼斯湖水怪”，用意象替代直白的表达，它也许并不存在，但人们宁愿相信它存在。▶

	CMYK	RGB
	CMYK 3,2,3,0	RGB 249,249,248
	CMYK 68,14,79,0	RGB 85,172,92
	CMYK 92,84,48,14	RGB 41,59,95
	CMYK 8,75,64,0	RGB 235,98,80

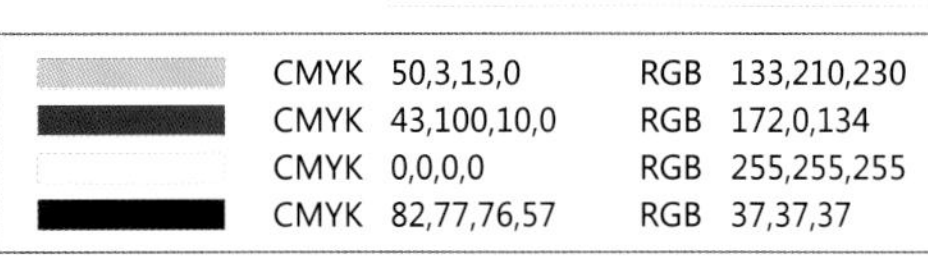

	CMYK	RGB
	CMYK 50,3,13,0	RGB 133,210,230
	CMYK 43,100,10,0	RGB 172,0,134
	CMYK 0,0,0,0	RGB 255,255,255
	CMYK 82,77,76,57	RGB 37,37,37

4.4.2 版式内容层次设计

版式设计还考验着设计师对视觉信息的处理能力。一个版面中可能包含了多个内容，对设计师来说，必须对图文信息进行拆分处理，让内容的排版层次分明，以减轻读者的阅读的障碍。需要重点展示的图文要进行单独的视觉化处理，如改变颜色、大小、字号等，让重点内容更突出醒目。

○ 思路赏析

该封面中的文字按照大小、色彩、字体的不同被分为多个层级，层级关系为版面带来了层次感和设计感，同时也增添了版面活力。

○ 配色赏析

配色让人感觉很舒服，都是低饱和度的色彩，色彩上不会增加阅读的负担，清新的配色能让读者在阅读时有好心情。

	CMYK	RGB
	CMYK 14,19,22,0	RGB 225,211,198
	CMYK 16,38,70,0	RGB 225,173,87
	CMYK 58,50,69,2	RGB 127,124,91

○ 设计思考

图文的层级越多，版面就会越丰富。但图文层级不能随意划分，要根据信息表达的需要来建立层级关系，如文字可分为主标题、副标题、辅助文等层级。

○ 同类赏析

◀该书名用大号字体，醒目而突出，在大字号下使用小号文字，能够增强对比性。

这本书是关于教育、学习的探索和审视的书籍，封面文字用颜色来突出层级关系，书名和作者名为橙色，其他内容为白色字体，读者会很清楚版面要传达的信息内容。▶

	CMYK	RGB
	CMYK 100,96,56,31	RGB 9,42,73
	CMYK 100,89,19,5	RGB 2,54,140
	CMYK 2,13,19,0	RGB 252,231,210
	CMYK 0,0,0,0	RGB 255,254,255

	CMYK	RGB
	CMYK 73,77,73,46	RGB 62,48,48
	CMYK 15,51,12,0	RGB 223,151,181
	CMYK 9,31,64,0	RGB 241,192,104
	CMYK 0,0,0,0	RGB 255,255,255

第 5 章

书籍装帧中的文字与插图

学习目标

在一本书中，会出现两种信息，一是文字，二是插图，二者都占有很重要的位置。图文能直接反映书籍的内容、情感和思想。书籍装帧设计中，设计师需要考虑如何进行图文设计，让文字与插图发挥信息传达的作用，并让其适合阅读。

赏析要点

文字的视觉效果
插图的视觉效果
封面中的文字
大面积的文字
文字的艺术加工
文字的图形化
几种视觉传达图形
不同类别书籍中的插图
插图的创意表达形式

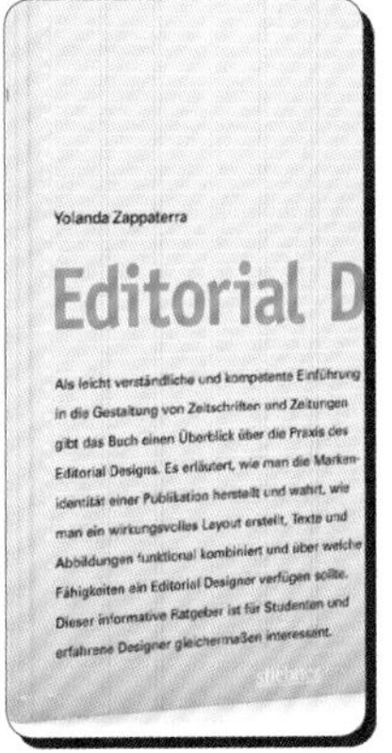

5.1 图文在书籍设计中的影响

不管是何种类型的书籍，都离不开文字、插图这两种信息元素。文字和插图可以单独使用，也可以组合搭配使用。以文为主的版面，插图往往起到补充、点缀、美化的作用；以图为主的版面，文字往往具有解释、描述的作用。在书籍装帧设计中，文字和插图的设计也可以千变万化。

5.1.1 文字的视觉效果

文字可以通过字体、字号、形体、排列设计来打造不同的视觉形象，一些经过加工处理的文字还能表现出不同的审美特性。下图是一本儿童文学经典，封面的文字做了变形处理，使文字的外形如海水的波浪一般，表现出动态的效果，文字不仅仅是信息，也具有艺术化特征。

当一个版面中全是文字时，文字会更为直接地影响视觉吸引力。下列书籍封面为全文字组合，左图文字结构的编排很出彩，右图文字的形态足够有魅力，因此都能吸引读者的注意力。

书籍的内页也要注重文字的视觉效果，不同字体、字号、色彩的文字会带来不同的感情色彩，如宋体给人的感觉更刚柔有劲，而黑体给人的感觉更端庄平整。没有衬线的英文看起来直接干练，有衬线的英文看起来更优雅文艺。大号文字能获得醒目的效果，小号文字占的空间小，能容纳更多内容。下列《员工手册》中的文字给人一种清晰稳重的视觉感受，字体有字号大小、色彩、方向上的变化，文字设计能吸引读者对枯燥内容文本的关注。

5.1.2 插图的视觉效果

插图也是重要的视觉信息语言，在书籍中，它可能是一种装饰性图形，也可能是内容的组成部分。插图的识别性和易读性都很高，设计师可以通过图形设计来表达主题含义和内容，另外，图形还可以将复杂、难以表述的文字信息简洁直观地展现出来，使内容更便于理解。

图形有多种类别，按形状可分为三角形、正方形和不规则图形等，按特性可分为图表图形、信息图形、立体图形、示意图形、地图图形和装饰图形等。在书籍装帧设计中，可根据内容和设计的需要来使用不同的插图。下列书籍采用图文搭配的方式，使读者能够快速理解信息，也能使读者获得更轻松的阅读体验。

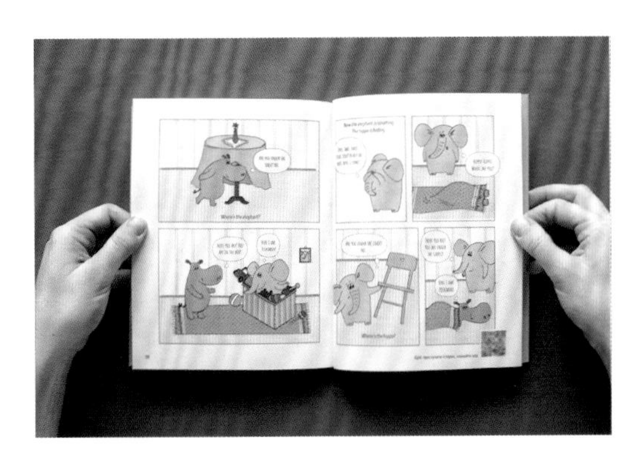

部分信息往往无法通过文字语言来有效、深刻地传递，这时用图形表达反而会直观明了。下列是一本有关儿童瑜伽知识的书籍，介绍了有趣、简单的瑜伽动作。但仅靠文字无法准确说明每个动作的要领，所以书中用图解的方式对瑜伽动作进行说明，信息的传达形象具体。

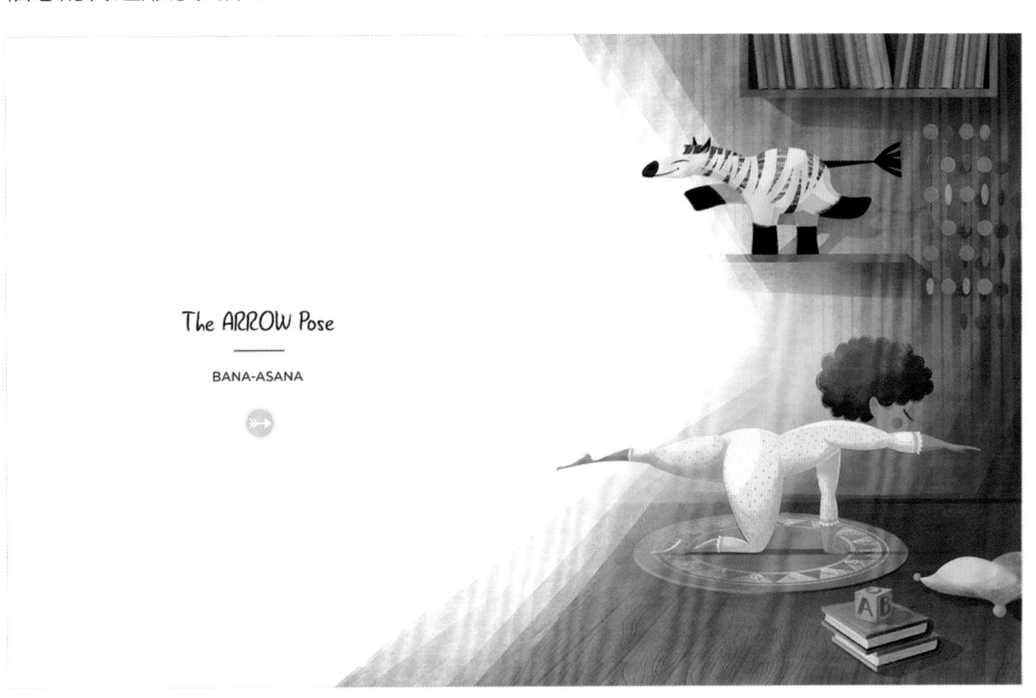

该书的封面同样使用了插图来传达书籍主题内容。从下列所示的书籍的封面可以看出，封面采用上文下图的编排方式，插图占据了绝大部分的版面空间，展示的是瑜伽健身动作。

左图是适合晨起练习的瑜伽动作，右图是适合睡前练习的瑜伽动作。插图将书籍的主题表达得足够清楚，同时也可以让读者产生阅读兴趣。

图形还能使读者产生形与意、意与意的联想，比如三角形常使人联想到大山，圆形可以使人联想到太阳、月亮等。在生活中也可以看到很多图形符号，这些图形符号较文字更易于理解，能让人准确联想到某种信息，如安全标志、危险图形符号等。

下列左图是一本关于爱遗憾和希望的精彩小说，封面用了鸟、房屋、树等图形来展现小说主人公生活的环境，通过图形读者的脑海中会产生画面感，一间破败不堪的小屋、一片森林……右图是一本科幻、心理小说，作者将超现实、古怪的想象力与一个研究所的故事结合在一起，该研究所开发了入侵梦境的技术，封面中无数个彩色的圆形用线条连接着人们的大脑，图形能带来心理联想，让读者感受到图形被赋予的特殊意义。

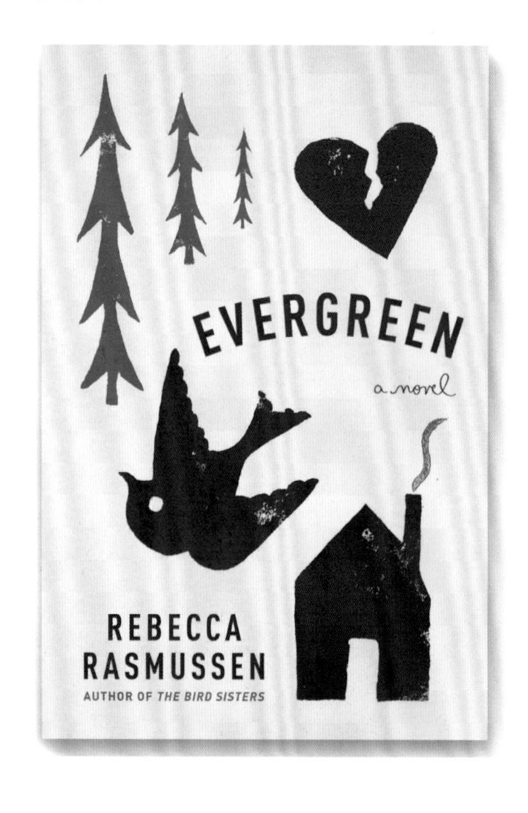

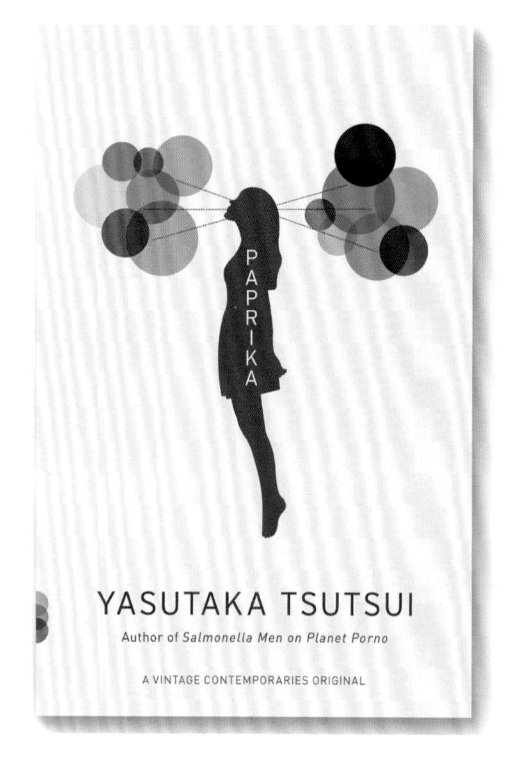

5.2 书籍设计中文字的应用

文字是重要的信息载体，文字设计也是书籍装帧不可忽视的主要元素。书籍装帧的文字设计主要包括两大部分，分别是封面文字的设计和内页文字的设计。这两大部分的文字设计有着不同的设计思路和表现手法。

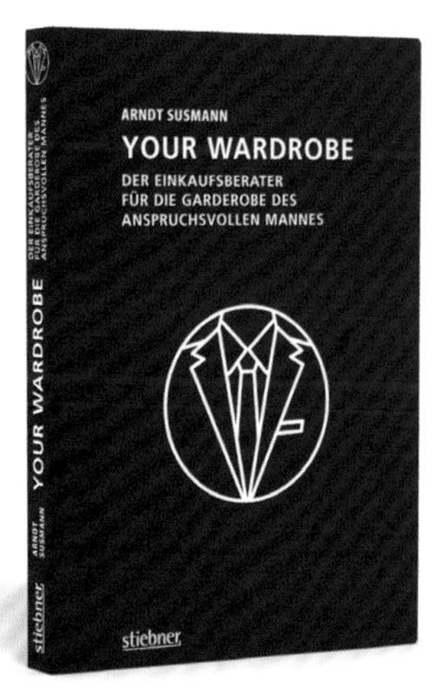

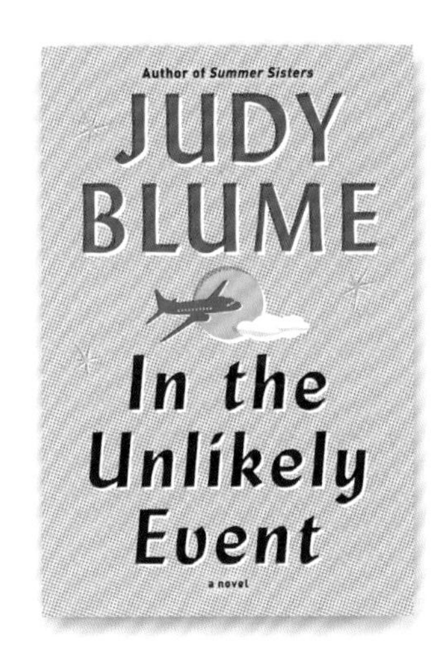

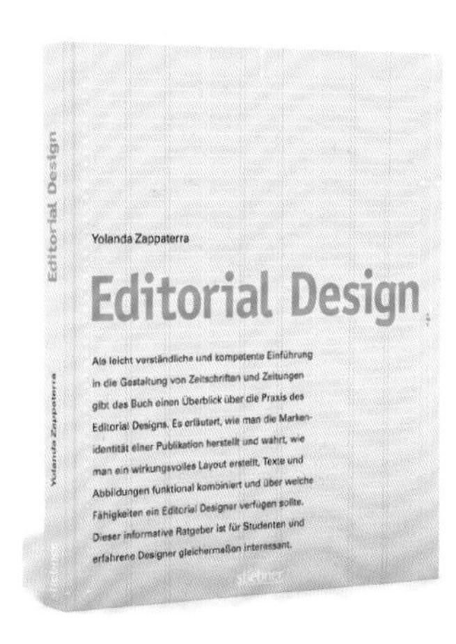

5.2.1 封面中的文字

书籍的封面文字兼具信息阅读和美化装饰双重作用，从阅读性来看，封面文字要能彰显书籍主题内容、亮点优势等；从装饰性来看，封面文字的字体、构图、颜色设计要给读者带来美的视觉感受，这样才能吸引读者购买。书名是封面最核心的文字要素。因此，书名是文字设计的重点。除书名外，还有一些辅助文字信息，如作者名、出版社、主要内容、畅销程度以及其他宣传语等。

	CMYK 78,24,36,0	RGB 0,156,170		CMYK 88,57,11,0	RGB 0,105,175
	CMYK 21,81,78,0	RGB 212,80,59		CMYK 0,0,0,0	RGB 255,255,255

○ 思路赏析

该书将无衬线字体用于段落较短的书名中，字体的线条干净统一，结构清晰明了，字体有大小区别，能够分清楚书名和辅助信息，文字靠左整齐排版，很方便阅读和识别。

○ 配色赏析

封面的主要色彩有青绿色、蓝色和橙色，背景色为青绿色，与蓝色构成邻近色搭配，给人舒适协调的视觉感受，橙色与蓝色和青绿色形成对比，能够在视觉上引人注目。

○ 设计思考

文字是封面重要的设计元素，封面文字不仅要注重内容设计，还要注重视觉设计，文字风格要与书籍风格相协调，同时还要保证内容的识别性。

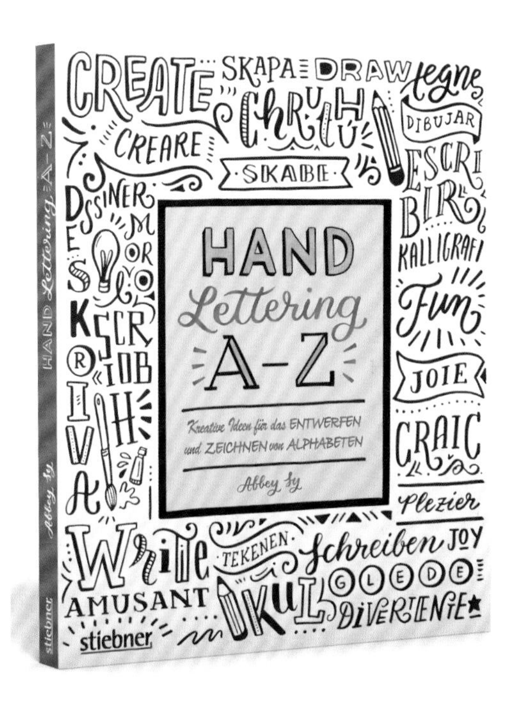

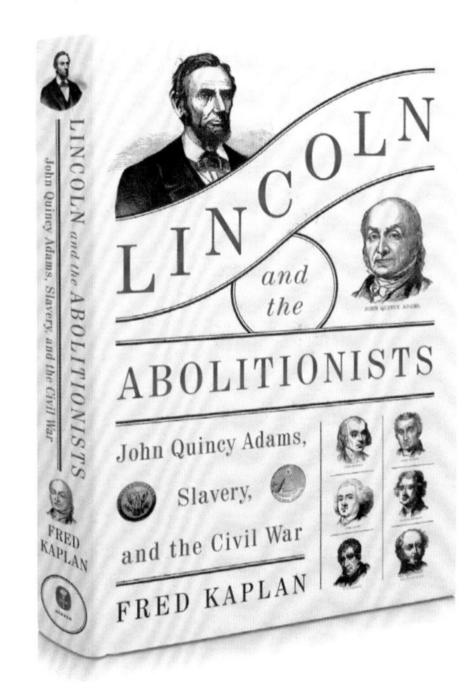

	CMYK	17,13,12,0	RGB	218,218,218
	CMYK	16,8,84,0	RGB	236,227,48
	CMYK	31,86,100,0	RGB	193,67,26
	CMYK	13,36,71,0	RGB	233,178,87

	CMYK	8,7,9,0	RGB	238,237,233
	CMYK	47,39,38,0	RGB	151,150,148
	CMYK	93,69,18,0	RGB	0,87,155
	CMYK	83,78,77,60	RGB	34,34,34

○ 同类赏析

该书封面呈现了各种俏皮、可爱的手绘风格字体，有衬线、无衬线、草书字体，这样设计体现了字体的多样风格。文字也是版面中的视觉形象语言。

○ 同类赏析

字体选用了略有正式感的衬线体，字形优雅富有复古感，体现了历史/传记类书籍的特点，文字排版设计美观舒适。

○ 其他欣赏 ○

○ 其他欣赏 ○

○ 其他欣赏 ○

5.2.2 大面积的文字

如果封面有大面积的文字，就要从利于阅读的角度出发来设计。文字的排版要有视觉秩序，不能混乱，以确保大篇幅的文字能被有效阅读。大面积文字还要注意字体、间距、字号等的设计，正文常用宋体、黑体、楷体等。标题为获得醒目的效果，常选用相对较粗的字体，字号也会比正文大。儿童类、艺术类读物还会使用其他更具有创意、趣味性的字体，比如手写体。

CMYK 0,61,91,0	RGB 255,133,3	CMYK 46,96,100,16	RGB 148,36,14
CMYK 34,94,100,1	RGB 188,42,1	CMYK 79,85,87,72	RGB 30,15,12

○ 思路赏析

这是一本根据真实故事创作的小说，以生存、希望为主题。书籍的前勒口印有图书内容简介，内容的排版有规律秩序，只使用了一种对齐方式，文字段落布局得当，不会让版面显得拥挤。

○ 配色赏析

橙色象征着希望，封面和书名页都大量运用了橙色，黑色又给人以心理上压抑感、沉重感，色彩的心理效应能够强化书籍的主题。

○ 设计思考

大面积的文字要注意字体、字号、段落、缩进、字符间距和行间距等的设计，要注重功能性和美观性，不能让文字内容看起来过于紧凑，应有明确的视觉层次。

	CMYK	6,5,5,0	RGB	242,242,242
	CMYK	79,44,68,3	RGB	60,122,99
	CMYK	31,21,74,0	RGB	198,193,89
	CMYK	24,41,29,0	RGB	205,165,165

○ 同类赏析

内容较多的正文常用居中对齐、左对齐、右对齐3种对齐方式。上图中的大篇幅文字采用了左对齐方式，呈现出整齐统一的视觉效果。

	CMYK	4,70,13,0	RGB	245,113,160
	CMYK	78,82,79,64	RGB	38,26,26
	CMYK	1,0,1,0	RGB	253,255,254
	CMYK	33,18,8,0	RGB	183,199,222

○ 同类赏析

这本书将段落首字母设置为大写并放大显示，其他字母为小写，文字设计突出了内容的分段，段落间距恰当，很方便阅读。

○ 其他欣赏 ○

O CAMINHO A SEGUIR

Apresentação para a edição brasileira

Passei dez dias no Brasil, no início de 2014, e isso mudou minha forma de enxergar o mundo. Em certos aspectos, o Brasil é muito diferente dos Estados Unidos, mas temos alguns pontos em comum, como tamanho, diversidade e orgulho nacional – e também lutas de classe, gênero e desigualdade racial.

Da mesma forma, os movimentos em prol da bicicleta no Brasil me pareceram familiares em muitas questões. Em ambos os países, foram fortemente influenciados pelos planejadores de pequenas cidades da Dinamarca e da Holanda. O resultado disso é que partilhamos de muitas das mesmas conversas, argumentos e também de um preconceito comum: o de que a bicicleta, supostamente, serve para os subconjuntos dos muito ricos e dos muito pobres.

Ao mesmo tempo somos diferentes em aspectos importantes. Nos Estados Unidos há uma enorme divisão entre defensores e ativistas. Os defensores das bicicletas usam ternos, tentam ocupar as mesas do poder, operam nas áreas de financiamento, política e infraestrutura. Os ativistas tendem a ser mais jovens, mais bagunceiros e barulhentos, integrantes da Massa Crítica, organizam-se para fazerem por nós o que o governo não faz, exigindo mudanças imediatas. Nos EUA, esses dois grupos raramente se misturam, apesar de trabalharem pelos mesmos objetivos. Desconfiam uns dos outros, um desaprova os métodos do outro. Há conferências, organizações e eventos separados.

Fiquei, então, surpresa ao saber que no Brasil não só ativistas e defensores podem participar dos mesmos eventos, mas também que a mesma pessoa pode fazer os dois tipos de trabalho concomitantemente, sem que isso represente um conflito. O líder de uma organização defensora de bicicletas pode vestir um terno para uma reunião certo dia e, no outro, estar na Massa Crítica.

6 · 7

○ 其他欣赏 ○

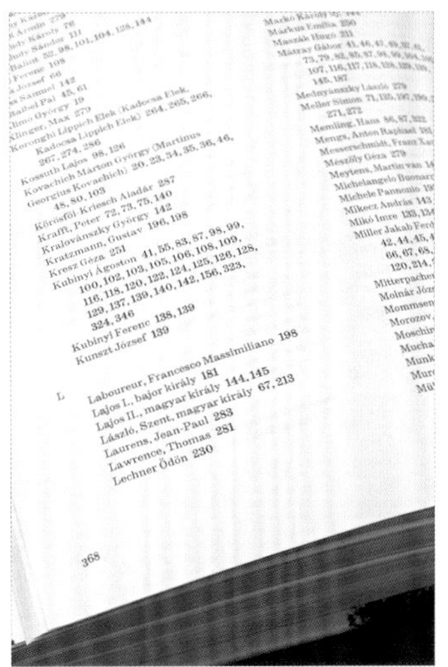

○ 其他欣赏 ○

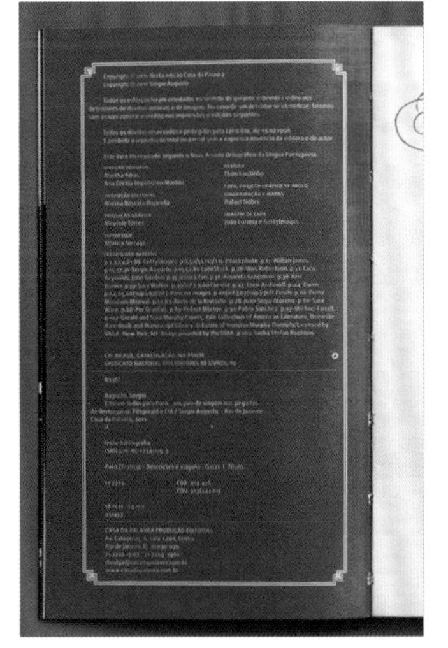

5.2.3 文字的艺术加工

在进行书籍装帧设计时，除了可直接使用字库中的印刷字体外，有时还可对文字进行艺术加工，如使用美术字体、手写字体等更具个性化、创意性的字体。文字的艺术加工有多种方式，如改变文字的外形、增添肌理感、调整文字的色彩、变换文字的方向等，其目的都是增强文字的视觉表现力。经过艺术加工后的文字，在视觉上会更抢眼，能够兼顾信息传达和审美双重功能。

	CMYK 82,78,0,0	RGB 76,69,181		CMYK 39,0,0,0	RGB 183,126,255
	CMYK 23,64,0,0	RGB 215,119,190		CMYK 23,47,0,0	RGB 242,149,255

○ 思路赏析

该杂志插图中的文字进行了立体化、曲线化的艺术加工，插图配以关于人工智能、未来科技对就业影响的文章，图文搭配形象。

○ 配色赏析

该书使用了较深的紫色背景来突出字体，辅助色为蓝色、绿色，这些色都属于偏冷的色彩，背景再用偏暖的紫红色过渡，起到了画面调和的作用。

○ 设计思考

立体化、曲线化都可以增强文字的视觉效果，在进行文字艺术加工时，要根据内容、构图等需要采用合适的艺术加工方式。

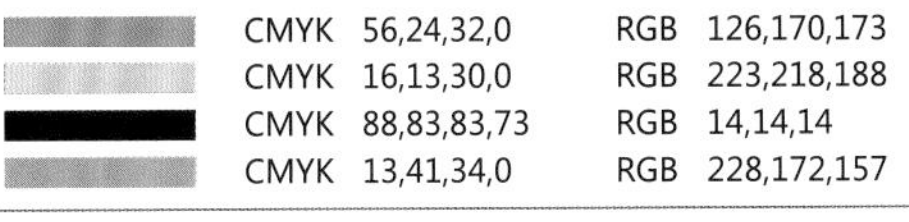

	CMYK 56,24,32,0	RGB 126,170,173
	CMYK 16,13,30,0	RGB 223,218,188
	CMYK 88,83,83,73	RGB 14,14,14
	CMYK 13,41,34,0	RGB 228,172,157

	CMYK 1,16,4,0	RGB 251,228,234
	CMYK 2,32,51,0	RGB 252,194,131
	CMYK 81,78,75,56	RGB 39,37,38
	CMYK 3,4,5,0	RGB 250,146,243

○ 同类赏析

对字母的横竖笔画进行曲线化加工，位置上也有一定的错位偏移，使字体有了图形化的效果，增强了版面的独创性和趣味性。

○ 同类赏析

利用手写字体来增强表现力，笔画拐角处的直角被柔化，文字看起来更活泼、生动。书籍的故事也是滑稽、有趣、诙谐的。

○ 其他欣赏 ○　　**○ 其他欣赏 ○**　　**○ 其他欣赏 ○**

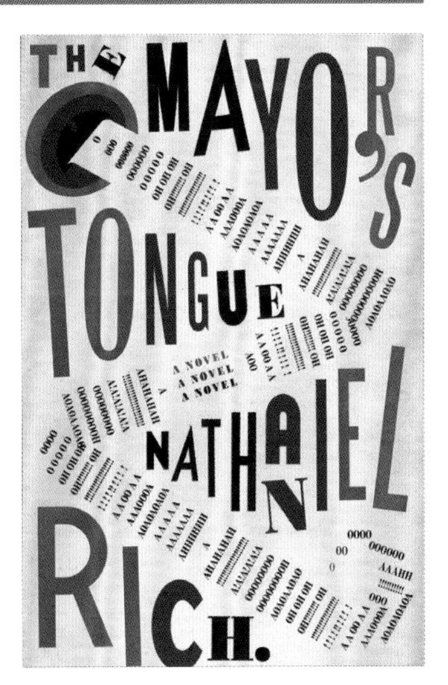

5.2.4 文字的图形化

图形化也是一种文字艺术处理方式，这种处理方式是将文字与某种具象的图形元素相结合，使文字更具有图形感。汉字中的象形文字就具有图画的特征，形状上与物体的外形很相像。

现代字体设计会结合创意思维和各种设计手法来呈现图形化文字，图形化可以将文字变得情景化、视觉化，强化文字本身的内涵和视觉表现力。

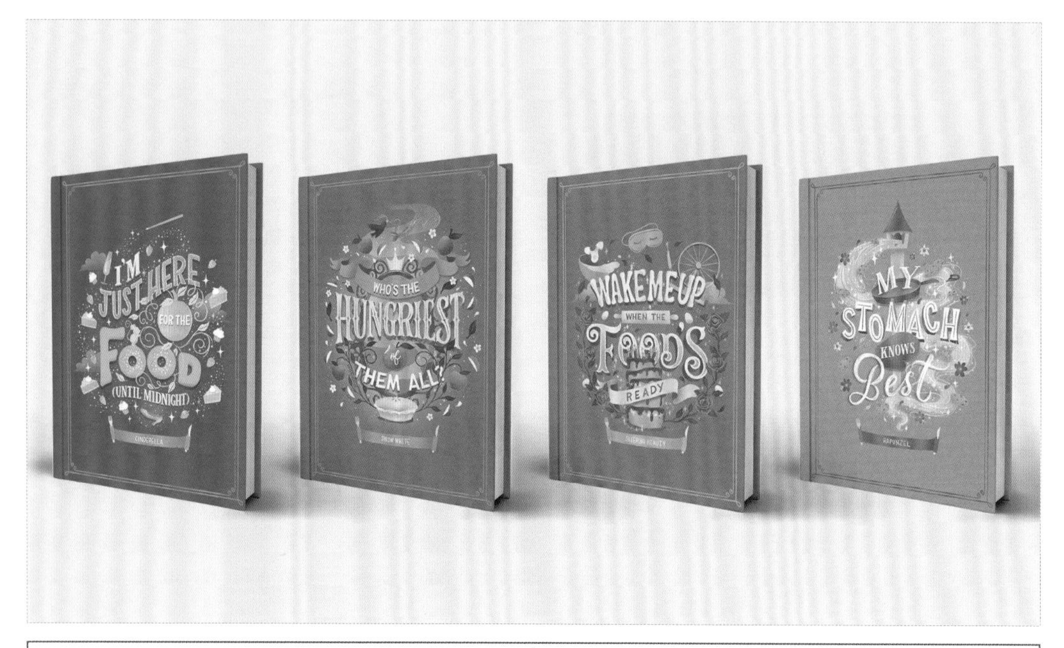

CMYK 77,58,0,0	RGB 74,112,255		CMYK 47,54,0,0	RGB 183,126,255
CMYK 61,55,0,0	RGB 188,42,1		CMYK 23,47,0,0	RGB 242,149,255

○ 思路赏析

上图是系列书籍，因此封面的构图、色彩风格整体高度统一，又在文字中融入了美食元素，充分体现这一系列书籍的主题Hungrily Ever。

○ 配色赏析

将同类色和邻近色来进行色彩搭配，色彩柔和融洽，整个系列形成彩虹色渐变色系，清新明快的配色能使人的心情愉悦，同时也能激发饥饿感。

○ 设计思考

替代是文字图形化的一种设计手法，设计师可以结合要表达的内容，用某一形象替代字体的某一部分，如本案例中就将“O”替换为了甜甜圈，“O”这一字母也具有了图形化特征。

	CMYK 81,76,74,52	RGB 43,43,43
	CMYK 9,7,7,0	RGB 236,236,236

	CMYK 1,9,19,0	RGB 255,239,213
	CMYK 7,80,57,0	RGB 236,86,87
	CMYK 80,31,34,0	RGB 0,145,166
	CMYK 75,71,78,44	RGB 60,56,47

○ 同类赏析

该封面展示了ABCDEF等英文字母，这些字母也是一种图形标识，具有一定的象征、说明意义。图形化的字母强化了读者对视觉标识的认识。

○ 同类赏析

该书封面中字母“O”分别用心形图形和爆炸图形进行视觉化表达，图形呈现出一种对立性。这本书的叙述方式也是可爱又令人惊讶的。

○ 其他欣赏 ○　**○ 其他欣赏 ○**　**○ 其他欣赏 ○**

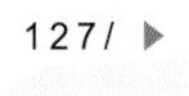

5.3 书籍设计中插图的应用

一般在各类书刊中所加插的图画被统称为插图。插图具有传达主题、渲染氛围、装饰美化等作用，可以运用到书籍的封面以及内文设计中。插图表现形式丰富，创意性强，因此设计师可以根据书籍的需要来灵活设计插图。作为一种视觉语言，设计师还可以通过插图来表现富有深刻内涵的主题。

5.3.1 几种视觉传达图形

图形和文字都是现代书籍装帧设计的重要载体，在书籍中运用的各类插图都是由图形整合构成的。常见的视觉传达图形有几何图形、具象图形、抽象图形等。几何图形简单、直接；具象图形能够形象地表现某一事物的特征；抽象图形以抽象形态来表现某一事物，更注重意象的传达。

	CMYK 57,11,27,0	RGB 117,191,196		CMYK 58,7,16,0	RGB 105,197,221
	CMYK 64,24,46,0	RGB 100,163,149		CMYK 24,37,57,0	RGB 208,169,119

○ 思路赏析

该绘本以插图为主，文字为辅，用插画的方式描绘了一个海底世界。清晰直观、形象生动的插图让内容具有了某种故事性和画面感，能够激发儿童读者的想象力。

○ 配色赏析

用浅蓝色、深绿色、橙色等色彩构建了一个神奇的海底世界，画面色彩清新亮丽，能够让儿童了解到五彩缤纷的海底世界。

○ 设计思考

儿童绘本通常采用多图少文的设计方式，插图的设计既要直观地表达故事内容，又要通过色彩、构图等设计塑造视觉美感，让儿童在阅读绘本时能发挥想象力。

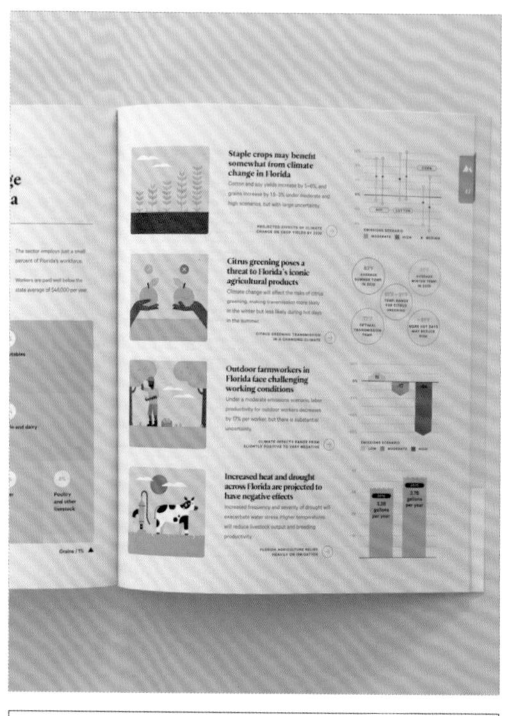

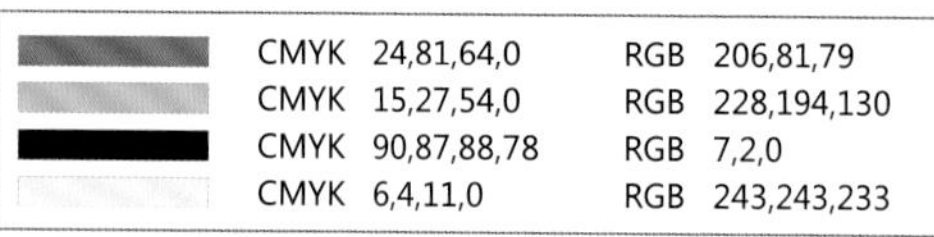

	CMYK 24,81,64,0	RGB 206,81,79
	CMYK 15,27,54,0	RGB 228,194,130
	CMYK 90,87,88,78	RGB 7,2,0
	CMYK 6,4,11,0	RGB 243,243,233

	CMYK 28,10,18,0	RGB 196,215,211
	CMYK 76,20,84,0	RGB 48,158,85
	CMYK 44,16,7,0	RGB 154,195,227
	CMYK 42,86,83,7	RGB 162,64,55

○ 同类赏析

这本书与读者分享了关于电影拍摄的一些“秘密”，封面用具象图形对“椅子”进行摹仿性的呈现，配色方案活泼而丰富，但饱和度不高，有一种复古感。

○ 同类赏析

内文中运用了几何图形、具象图形、柱状图等图形，图形基于内容的需要而设计，内容的表达简洁明了，可以降低读者理解的难度。

○ 其他欣赏 ○　　○ 其他欣赏 ○　　○ 其他欣赏 ○

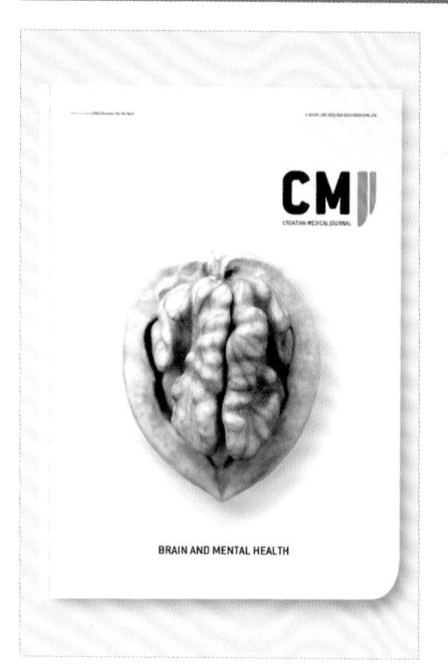

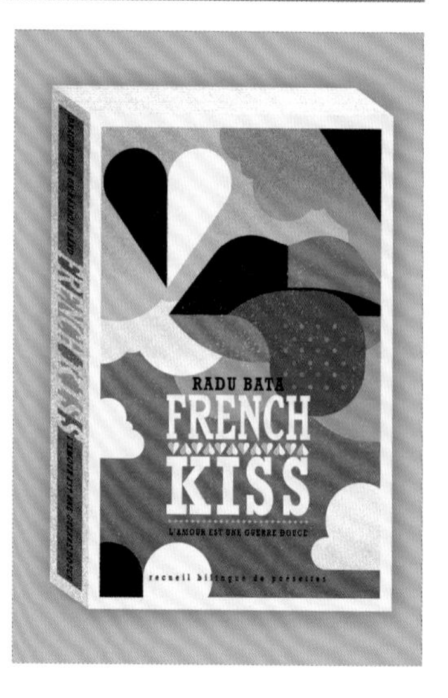

5.3.2 不同类别书籍中的插图

不同类别的书籍所使用的插图是不同的，儿童读物常常使用漫画卡通形式的插图，这类插图形象夸张，有趣诙谐，能够有效地吸引儿童阅读。文学艺术类书籍常常搭配具象、抽象等具有艺术价值的插图，如水墨画、水彩、素描等，为作品锦上添花。科技类读物多使用信息图、地形图、饼图、柱状图、构造图等插图，以求直观清晰地表达内容。

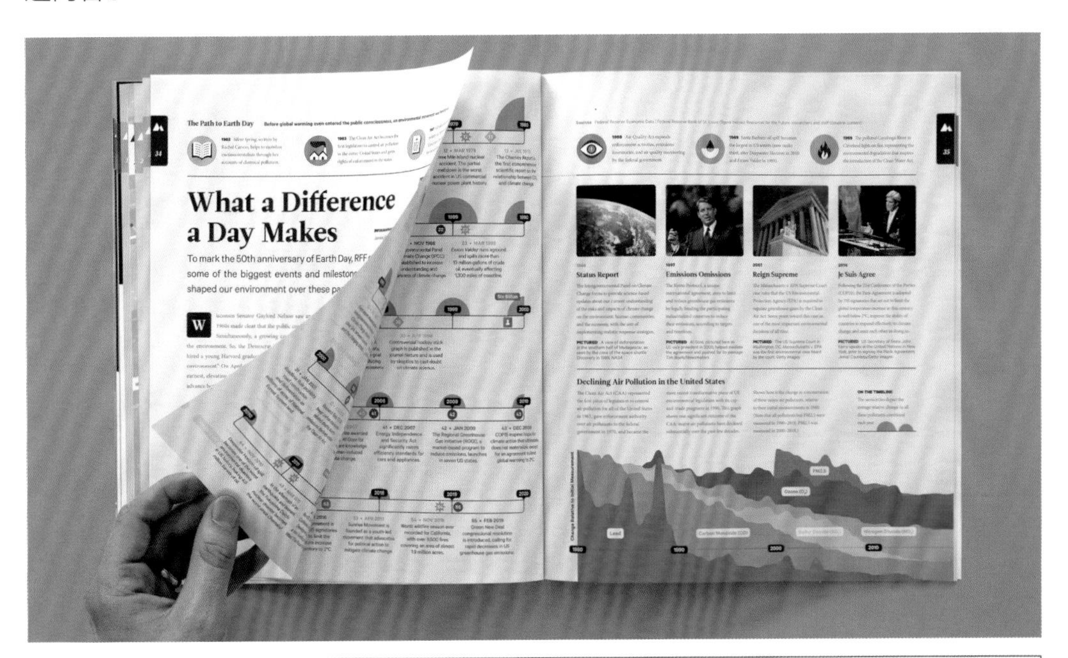

	CMYK 30,14,10,0	RGB 74,112,255		CMYK 38,10,38,0	RGB 175,206,174
	CMYK 86,52,18,0	RGB 7,113,171		CMYK 89,81,66,46	RGB 30,42,54

○ 思路赏析

这本资源杂志中的插图突出了内容精准、易于理解的特点，将信息数据与图形设计结合起来，可视化的信息图表能帮助读者更好、更快速地理解内容。

○ 配色赏析

杂志中搭配的插图主要运用了蓝色和绿色两种色彩，这两种色彩象征着自然生态、绿色能源，与杂志内容契合，配色方案还具有一种简约的美感。

○ 设计思考

信息图是一种将数据、信息、知识进行可视化表达的图形，能帮助读者简明地了解信息。制作信息图要考虑图形表达、外观、色彩等的设计，提高信息表达的准确性和阅读的趣味性。

	CMYK	RGB
	CMYK 3,2,2,0	RGB 249,249,249
	CMYK 21,70,60,0	RGB 212,106,90
	CMYK 9,9,28,0	RGB 240,232,195
	CMYK 27,12,7,0	RGB 198,214,229

○ 同类赏析

该书籍封面的插图夸张、诙谐、幽默，为卡通风格，人物的身体被设计成球形。这本漫画描绘的是关于足球的小故事。

	CMYK	RGB
	CMYK 29,31,42,0	RGB 195,178,150
	CMYK 63,76,74,35	RGB 92,59,54
	CMYK 81,83,80,68	RGB 30,21,22
	CMYK 20,23,23,0	RGB 213,199,190

○ 同类赏析

一艘船，一些拿着刀、枪的船员，该封面向读者展现了疯狂的海盗形象，作为一本海盗叙事书籍，插图的设计无疑能把读者带入冒险情节中。

○ 其他欣赏 ○

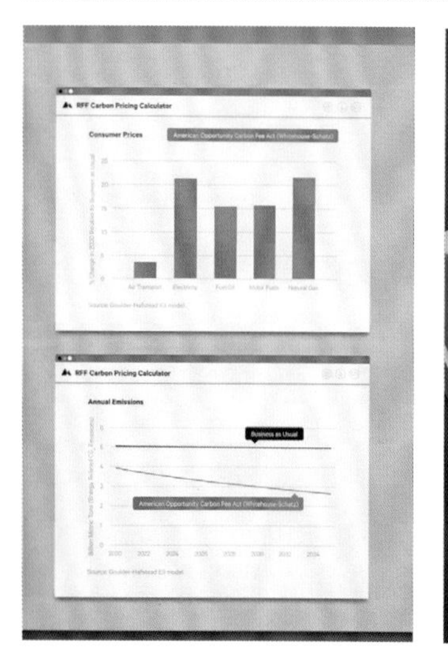

○ 其他欣赏 ○

○ 其他欣赏 ○

5.3.3 插图的创意表达形式

在信息表达方式上，插图的视觉表达方式已不再局限于中规中矩的几何图形、具象图形，能带来强烈视觉感受的创意图形也越来越多地被运用于设计中。设计创意插图要充分发挥想象力，有时可以利用逆向思维来获得出奇制胜的效果，但要注意并不是所有的书籍都适用于创意图形，要有选择地运用。插图的创意表达方式有多种，如幽默夸张、象征表达、抽象手法、形状换置和重复渐变等。

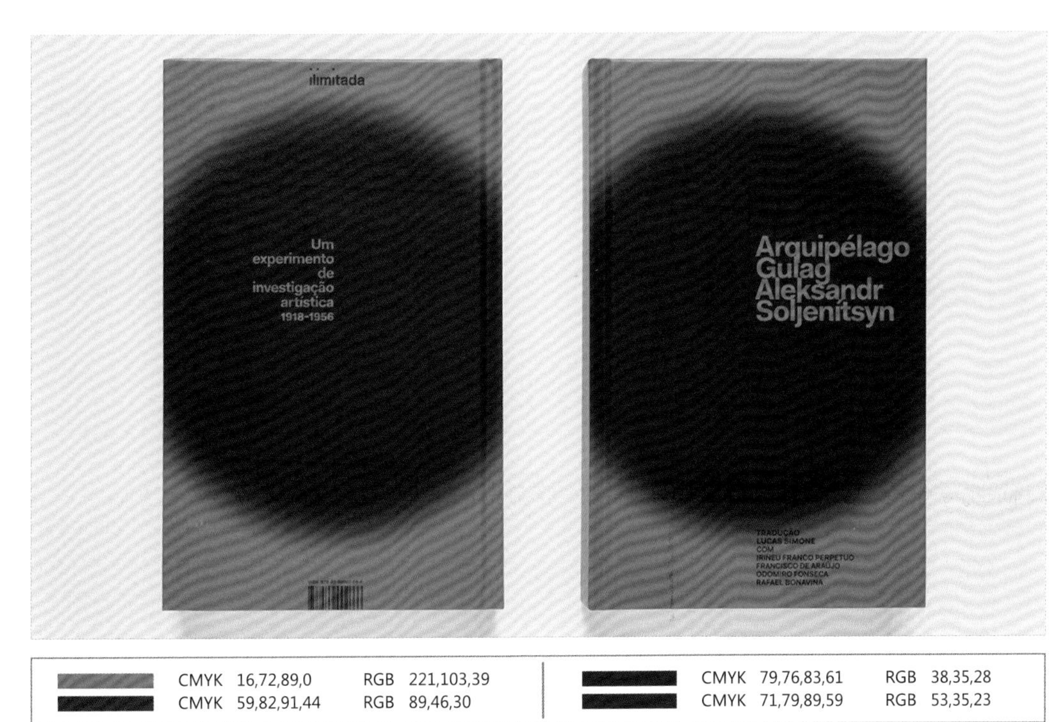

CMYK 16,72,89,0	RGB 221,103,39	CMYK 79,76,83,61	RGB 38,35,28
CMYK 59,82,91,44	RGB 89,46,30	CMYK 71,79,89,59	RGB 53,35,23

○ 思路赏析

《古拉格群岛》是一本长篇纪实文学书籍，插图设计新颖、不落俗套，使用了隐喻的表现手法，用抽象的图形勾画出一种相反的太阳或是黑洞，为读者提供了很大的想象空间。

○ 配色赏析

在橙色的背景上有大面积的黑色，色彩上形成强烈的对比，大面积的黑色也能让人感受到窒息和绝望的氛围，创造了一个孤立的、与世隔绝的“群岛”。

○ 设计思考

隐喻、象征是插图设计常用的一种创意表现手法，这种手法可以加深读者对图书内涵的理解，也能够给读者一种新鲜感。

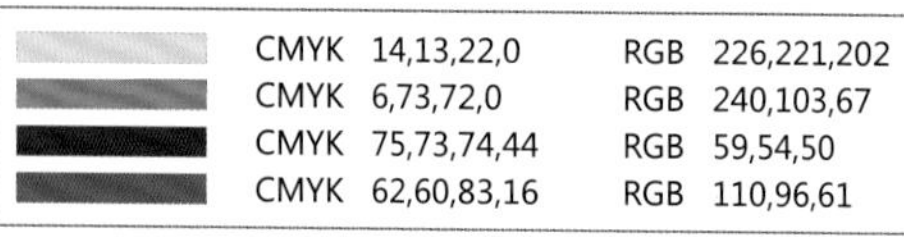

CMYK	RGB
CMYK 14,13,22,0	RGB 226,221,202
CMYK 6,73,72,0	RGB 240,103,67
CMYK 75,73,74,44	RGB 59,54,50
CMYK 62,60,83,16	RGB 110,96,61

○ 同类赏析

该封面用一种夸张的手法来表现人物形象，从人物轮廓的侧面可以看出人物的古怪，人物表情欣喜若狂，插图设计大胆而富有创意。

CMYK	RGB
CMYK 60,0,50,0	RGB 97,207,160
CMYK 35,0,5,0	RGB 173,234,253
CMYK 3,0,0,0	RGB 249,253,255
CMYK 86,72,44,5	RGB 55,81,114

○ 同类赏析

焦虑是当今儿童主要的健康问题之一，这本互动杂志就是关于如何教孩子保持冷静、培养自信的书籍，封面图形用简洁的元素表现了深刻的内涵。

○ 其他欣赏 ○

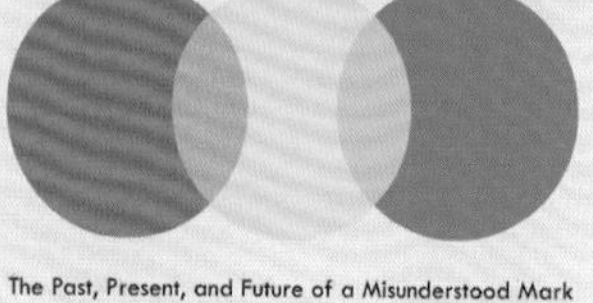

○ 其他欣赏 ○

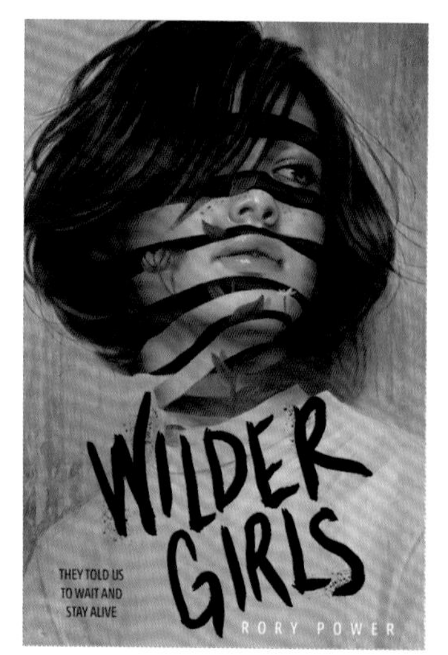

○ 其他欣赏 ○

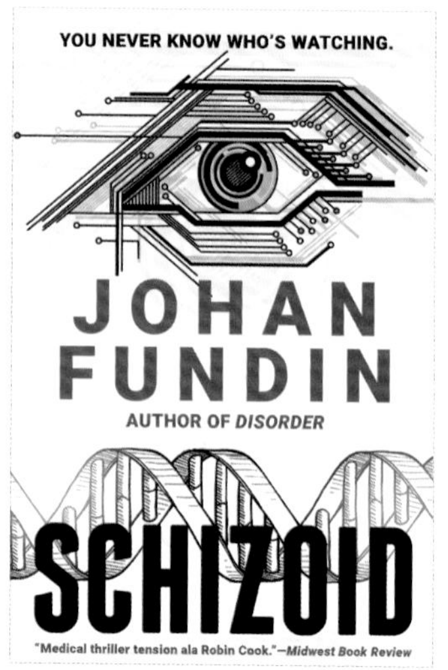

5.3.4 把握插图的主次之分

书籍中文字、图片并不是孤立存在的，二者相辅相成，互为补充，在实际运用时要注意图文的主次关系。以图为主的书籍，常采用多图少文的编排方式，文字主要起到补充说明的作用。反之，以文为主的书籍，插图不会占据过多的篇幅，主要用于丰富、解释内容，提高阅读体验。除此之外，还有图文混排的方式。

CMYK	RGB	CMYK	RGB
0,0,0,0	254,254,254	24,60,53,0	205,126,109
5,6,14,0	247,241,225	76,73,71,42	59,55,54

○ 思路赏析

该书籍介绍了M.C. Escher艺术家及其杰作，正文内容采用图文混排的方式，插图是内容不可分割的一部分，图文相互穿插排列，彼此相映成趣，既丰富了内容，又增强了阅读的趣味性。

○ 配色赏析

纸张的色彩是书籍常用的白色，构成白底黑字的搭配，插图还原了作品本身的色彩，图文印刷清晰，能够反映作品色彩的深重。

○ 设计思考

版面中，插图可以独幅展示，也可以穿插在文字中或者在固定位置放置，无论插图如何运用，都要恰当适宜。以文为主的书籍，插图要避免喧宾夺主，图文混排则要注意搭配的协调性。

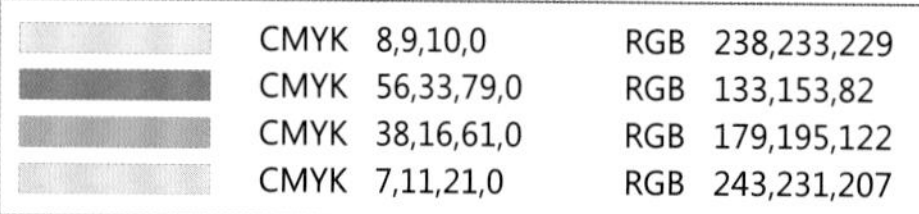

	CMYK	RGB
	CMYK 8,9,10,0	RGB 238,233,229
	CMYK 56,33,79,0	RGB 133,153,82
	CMYK 38,16,61,0	RGB 179,195,122
	CMYK 7,11,21,0	RGB 243,231,207

○ 同类赏析

这本书展示了世界各地的美妙插画，内文以图为主，图占据一页，让视觉空间显得舒畅，不会有压迫感，也能让读者专注欣赏作品。

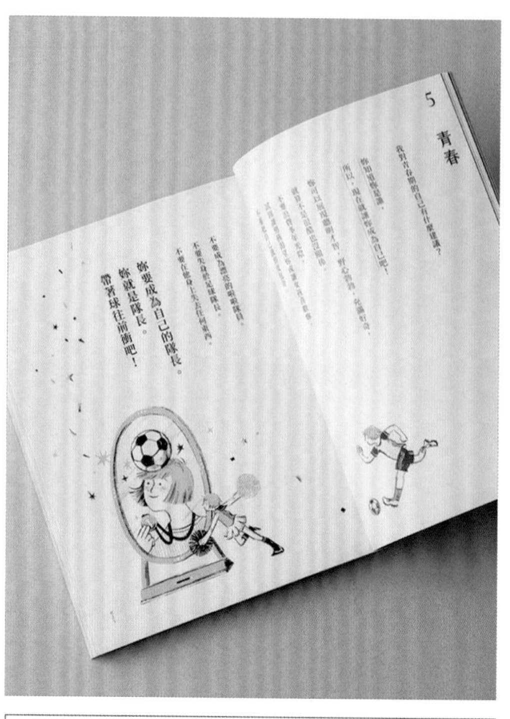

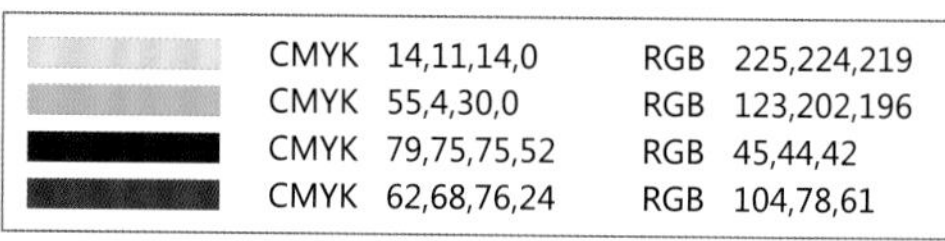

	CMYK	RGB
	CMYK 14,11,14,0	RGB 225,224,219
	CMYK 55,4,30,0	RGB 123,202,196
	CMYK 79,75,75,52	RGB 45,44,42
	CMYK 62,68,76,24	RGB 104,78,61

○ 同类赏析

这是一本散文书籍，全书的插图都围绕内容来设计，同时根据内容来灵活排版。图文编排错落有致，使版面显得活泼舒朗，符合书籍气质。

○ 其他欣赏 ○

○ 其他欣赏 ○

○ 其他欣赏 ○

第 6 章

书籍装帧各部位设计要素

学习目标

书籍装帧设计包括封面、封底、勒口、扉页、书脊、目录等的设计。这些组成部分有着不同的功能作用和设计要求，其共同影响着一本书的装帧风格和视觉效果，本章就来看看书籍各部位装帧的设计要求。

赏析要点

封面的使命
封面的设计因素
优秀封面设计的特点
封面图形的设计
封面色彩的设计
封面文字的设计
封底的内容信息
封底的基本形式
书脊设计的方法

6.1 书籍封面设计

在前面的内容中，我们大量展示了各类书籍的封面设计效果，这是因为封面是书籍的门面，也是书籍装帧设计的重点。读者在欣赏一本图书前，首先看到的就是书籍封面，并通过封面作出初步判断，然后再决定是否要继续阅读或购买书籍，由此可见封面的重要性。

6.1.1 封面的作用

对书籍而言，封面具有三大作用，一是对书籍起到保护作用，二是宣传作用，即传递书籍的内容内涵，三是装饰作用。

1. 保护作用

书籍在翻阅、使用的过程中，不可避免地会带来一定程度的损坏，而封面能够在一定程度上避免这种损害。因此，保护功能是书籍封面设计的初衷之一。下列书籍的封面为硬皮封面，用纸较厚，能让封面保持平整、不卷边，封面稍大于书芯，这样书籍就不容易被磨损。

2. 宣传作用

读者刚接触一本书时，对书籍是比较陌生的。此时，封面就要发挥传递书籍内容和内涵的宣传作用，让读者对书籍的名称、作者、出版社、题材、主要内容等有初步的认识。

封面的宣传作用至关重要，如果封面信息不能吸引读者，是很难促成购买行为的。封面的颜色、插图、材质设计都要与书籍内容契合，有效地传递书籍信息，这样才能让读者产生阅读或购买的欲望。下列杂志每期的封面设计都有所区别，但文字、色彩、

图形等封面语言都能体现当期杂志的主题。

3. 装饰作用

封面的装饰作用体现在美学意义上，设计师可以通过封面设计来表现独特的艺术效果，营造氛围感。

现代书籍的装帧设计都很注重封面的美化设计，只有视觉美观、符合大众审美要求的封面才能为读者留下良好的第一印象，也能提升书籍的销量。随着社会的发展，人们的审美观念也会发生变化，封面的艺术设计也应不断创新，使更多具有审美趣味的封面出现在大众眼中。

下列两本书籍的封面都具有在视觉上的美感。左图色彩明亮绚丽，具有一定的艺术观赏性；右图的封面具有一种和谐的美感，两本书的封面设计都充分体现了美学价值。

6.1.2 封面的设计因素

在对书籍的封面进行构思时，要考虑三大设计因素，包括书籍定位、读者对象和商品属性。

1. 书籍定位

封面设计要充分考虑整本书的风格和定位，不同学科、不同类别的书籍，封面设计的表现手法应有所区别。如人文类书籍可采用具象的表现手法，把书籍中的人物、场景具象地呈现在封面中，让读者看到封面就可以联想到书籍所表述的内涵、所蕴含的寓意。艺术、科技类书籍的封面设计则可以更加抽象、新颖、个性化。

下列书籍是一本推理小说，其封面以点、线为视觉元素，能够体现书籍的主题，产生明确的意向。

封面设计可以新颖独到，但也要有一定的限制，这里的限制是指封面设计不能脱

离书籍本身，要在书稿内容范围内进行艺术创作。封面若是脱离了书籍的本意，将会使设计大打折扣。为了更准确地表达书籍风格定位，设计师在进行封面设计前就要理解书稿内容，做好设计定位。

2. 读者对象

书籍是服务于读者的，封面作为书籍的门面，同样要为读者服务。封面的设计要充分考虑读者的年龄层次，比如儿童的理解能力尚浅，因此封面的设计不能过于抽象难懂，应简单直接。青年和中老年读物则可以用象征、抽象等手法来表达概念或意境。下列是一本插画童话书，主题为“镇上的秋天”，封面色彩、文字、图形的设计都是儿童喜欢的。

3. 商品属性

书籍也是一种商品，封面设计也要考虑书籍的商品属性。读者在选购书籍时，一般不会像购买其他商品那样听取导购员的介绍或者根据品牌来购买，这时封面就要发挥“导购”的作用，让读者能产生购买欲望。

封面的设计是会影响读者购买决策的，很多读者都会因为好看、新颖的封面设计而对书籍产生阅读兴趣。

下列书籍装帧采用了镂空工艺，封面设计虚实相叠，既增强了书籍的审美趣味，也带来了新奇的视觉感受。

6.1.3 优秀封面设计的特点

在同类书籍中，一本书想要脱颖而出，就不能忽视封面的设计。优秀的封面设计更能促成交易，那么什么样的封面设计才是好的呢?

一本书的封面通常包含了书名、编著者名、出版社、内容简介、图形和色彩等视觉元素，而大多数优秀的封面都有一个显著的特点，那就是书名比较醒目，这一特点在畅销书中体现得尤为突出。醒目的书名可以将书籍的关键信息第一时间传递给读者。下列书籍的书名都非常突出醒目，能促使图书信息有效传播。

如何让书名醒目是设计师需要思考的问题。在选择书名字体时，不要选择难以辨别的字体，字体颜色最好与背景有所区别，这样可以使书名更容易被辨别。下列书籍的书名为Vend，是一本摄影书，书中展示了很多奇怪的自动售货机，书名占据了很大的版面空间，可识别性很高。

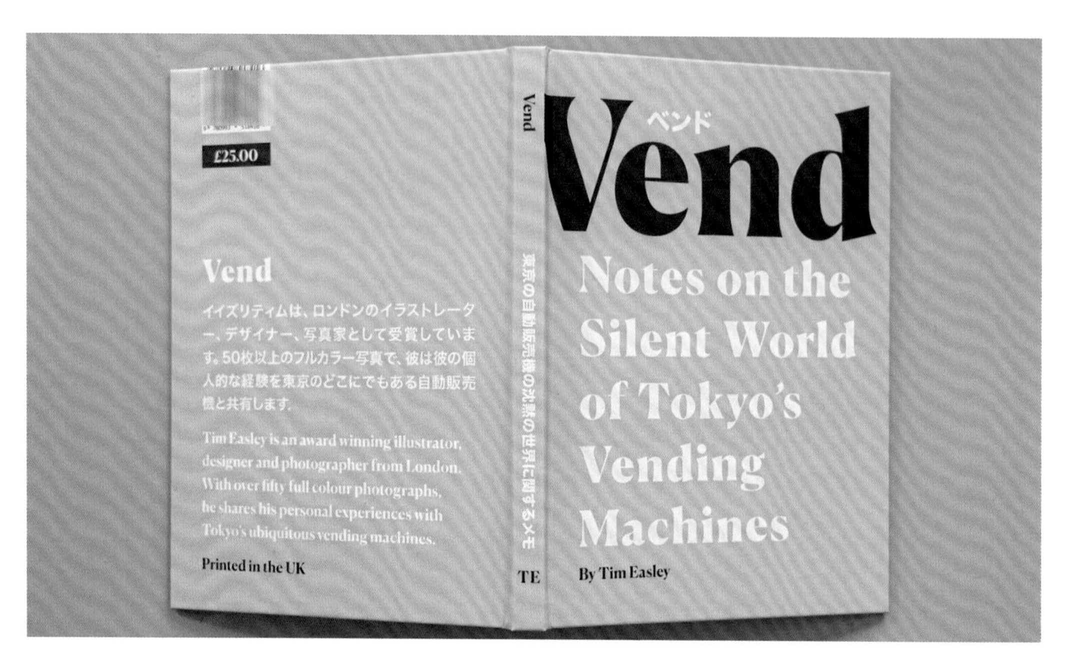

封面风格与书籍内容契合也是优秀封面的一大特点，这样的封面符合书籍定位，通过封面读者就可以对书籍有一个大概的认识。另外，很多优秀书籍的封面也会追求差异化，避免封面大同小异。以不断再版的公版书为例，有差异化的封面更能吸引读者眼球。下列书籍都是The Little Prince，可以看出其封面设计上所存在的差异。

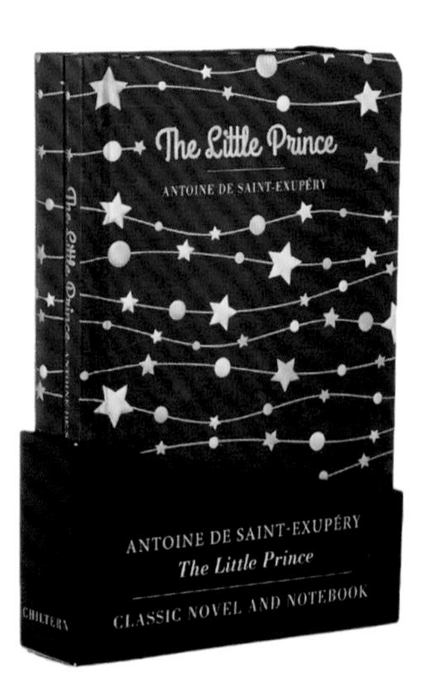

好的封面应是能突出书籍主题的封面，设计师要灵活运用构图、色彩、图案、文字、工艺等设计元素，让封面传递图书的主题信息。下列左图是一本平面设计图书，书名为*EXQUISITE:Remarkable Graphics Styles*，其装订工艺、字体、构图等细节设计都体现了“精致（EXQUISITE）”这个特点，整个封面看起来具有华丽典雅的韵味，视觉上能给人以舒适感。

右图是一本儿童科普读物，这本书只有14页，为纸板书装帧方式，书名为*Lift the Flap Questions and Answers about Recycling and Rubbish*。其封面插图围绕“回收和垃圾”这一主题来设计，装订工艺也适合5~7岁的儿童触摸、翻阅。

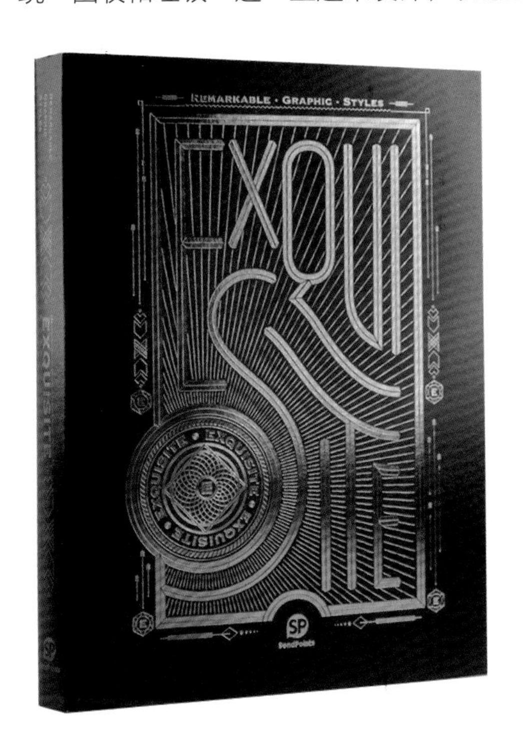

随着社会的发展，书籍封面的审美功能和文化价值都在不断提高，装帧设计师也在不断地探索创新。但不管封面如何设计都要为书籍内容服务。下列书籍的封面设计都能体现书籍的内容、性质和题材。

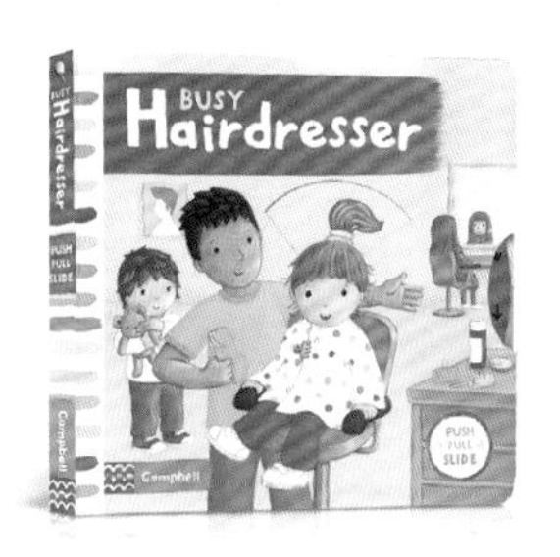

6.1.4 封面图形的设计

在书籍封面设计图形不仅是为了装饰美化，更重要的是表达书籍的思想、风格、题材。在“读图时代”的封面中，图形扮演着重要的角色，它可以缓解视觉疲劳，也更容易抓住人们的视线。与书籍内文不同，读者通常不会花太多精力去仔细阅读大段的封面文字信息，这时图形表达就很重要了。其不仅能提高阅读的速度，还能让封面赏心悦目。书籍封面广泛运用的图形有摄影图片、抽象图形、图表图形和插画图形等。

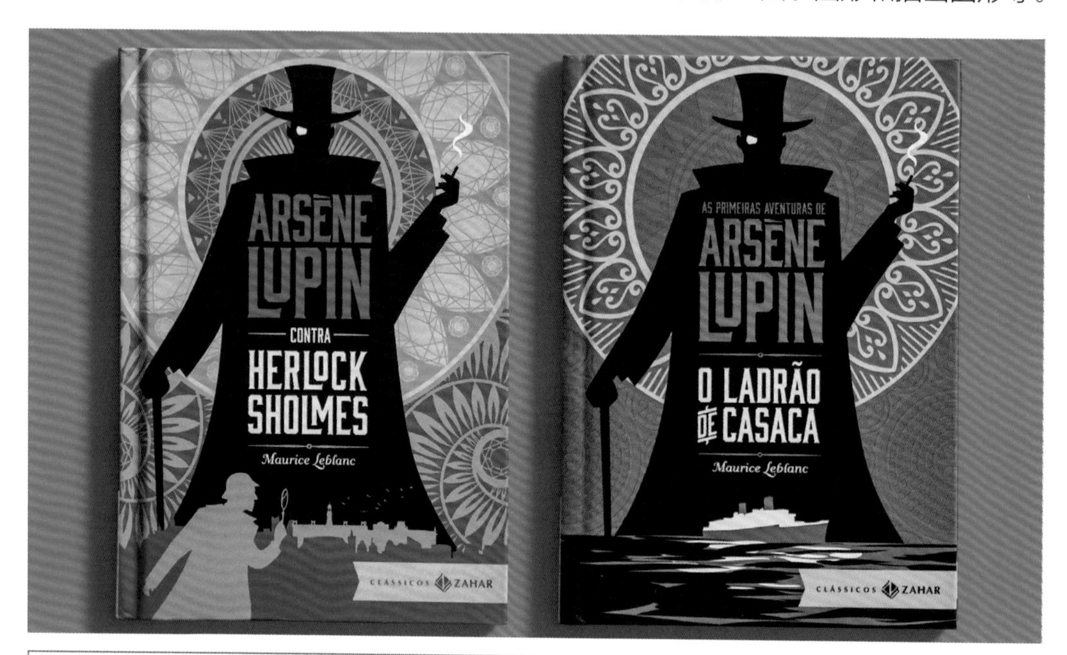

CMYK 14,34,93,0	RGB 234,181,3	CMYK 37,7,35,0	RGB 177,212,182
CMYK 86,83,82,71	RGB 19,17,18	CMYK 36,94,93,2	RGB 182,47,43

○ 思路赏析

该封面的插画图形勾勒出一个人物的轮廓，用夸张的表现方式体现了人物的高大。左图有两个人物分别是故事中的侦探和小偷，右图中有一艘船，具有冒险的含义。

○ 配色赏析

这两本书的色彩饱和度都很高，分别运用了橙色、红色、蓝色、绿色等色彩，色调风格保持了整体的统一性，使该系列书籍不会给人不协调感。

○ 设计思考

随着计算机、设计工具的普及，插画图形越来越多地运用于书籍封面设计中。插画图形风格多样，具有极佳的辨识度，设计师能够根据书籍需要将文字、故事以插画方式展现。

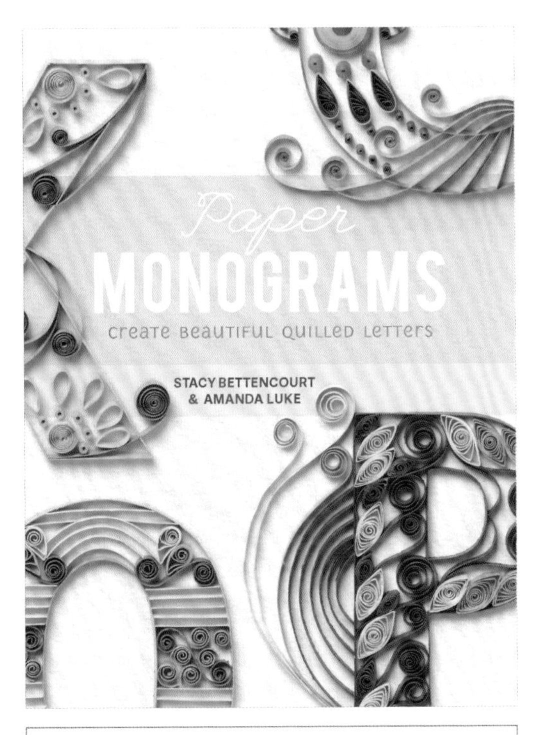

	CMYK 4,3,3,0	RGB 247,247,247
	CMYK 37,5,17,0	RGB 173,217,220
	CMYK 71,41,62,0	RGB 90,132,110
	CMYK 55,3,6,0	RGB 110,206,244

	CMYK 7,5,6,0	RGB 241,241,239
	CMYK 11,75,90,0	RGB 231,97,34
	CMYK 52,8,81,0	RGB 141,193,83
	CMYK 59,69,61,10	RGB 123,89,88

同类赏析

该封面使用了卷纸形状的图形，体现了这是一本衍纸手工艺书籍的特点。这本书将引导读者制作出衍纸中最常见的形状。

同类赏析

摄影图片具有真实、生动的特点，封面中的一张实拍摄影图展示了美味的素食。图形语言告诉读者，这是一本素食食谱。

其他欣赏 **其他欣赏** **其他欣赏**

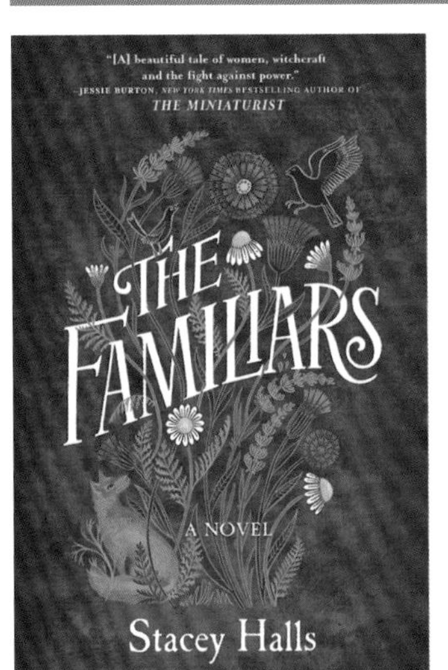

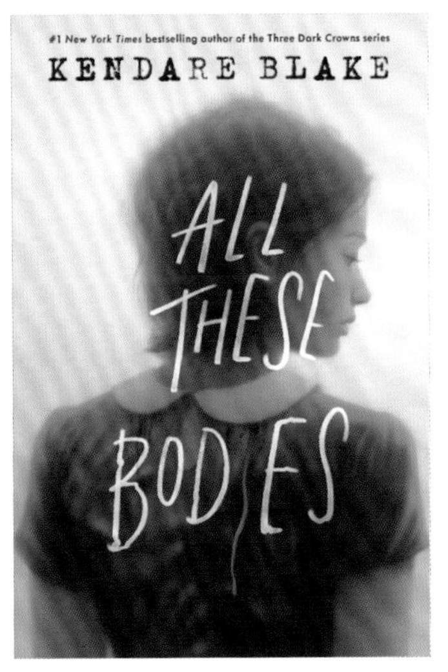

6.1.5 封面色彩的设计

前面我们介绍过书籍装帧中的色彩运用，书籍给人的第一印象常常就是由色彩带来的。色彩是书籍封面不可或缺的设计元素，在“颜值”经济时代，封面色彩的美观度很大程度上会影响读者的购买欲望。不同的书籍其选取的色彩是有差异的，在封面设计中把握好色彩要素，根据读者对象、图形图案、情感效应来设计色彩，更容易吸引读者阅读书籍。

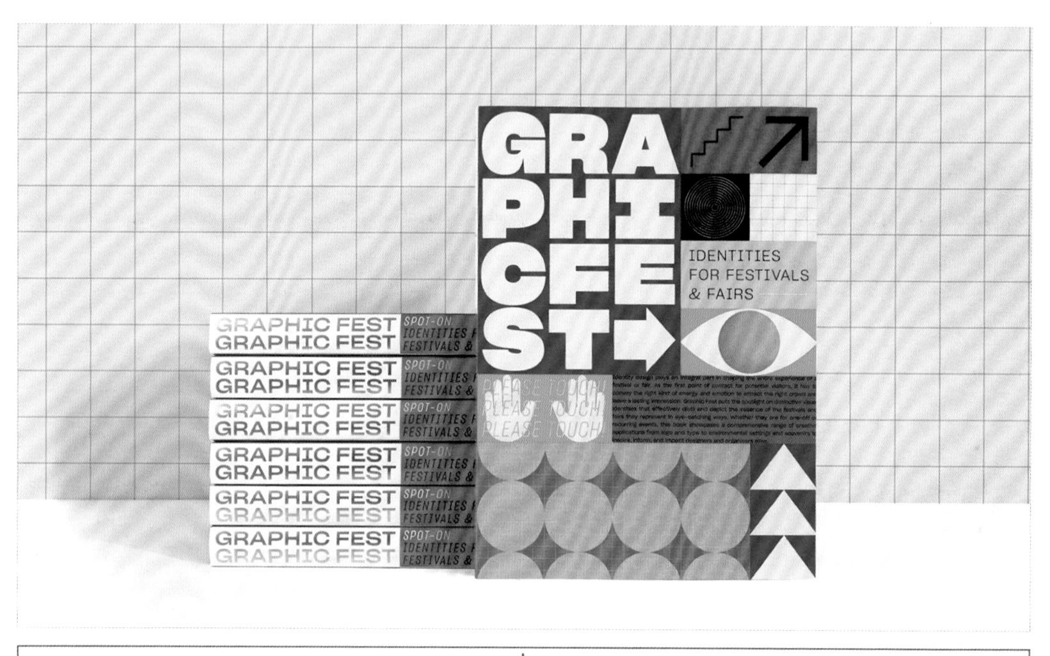

CMYK 90,65,0,0	RGB 0,90,195		CMYK 7,17,54,0	RGB 247,219,135
CMYK 1,37,72,0	RGB 255,184,78		CMYK 71,0,40,0	RGB 0,194,180

○ 思路赏析

该封面中的三角形、圆形、手掌、眼睛等图形都能让人联想到对应的视觉符号。图形的设计重在体现书籍的主题，这是一本有关视觉识别的设计类书籍。

○ 配色赏析

作为一本平面设计类书籍，封面色彩的设计也具有很强的视觉识别性，有色彩倾向相近的同类色搭配，也有强烈分离性的对比色搭配，色彩的美感在封面中得以展现。

○ 设计思考

色彩是直观的，也是具有象征性的，封面中的色彩设计并没有固定的模式。恰当的色彩设计应利于书籍内容的表达，符合读者的审美标准，提升书籍的商业价值。

	CMYK 37,25,11,0	RGB 174,184,209
	CMYK 48,42,39,0	RGB 149,145,144
	CMYK 76,72,70,37	RGB 64,60,59
	CMYK 4,33,77,0	RGB 252,190,67

○ 同类赏析

该封面的背景色比较低调，为较浅的蓝紫色、灰色，书名在色彩上发挥了视觉的增强效应，提高了读者对书名的识别强度。

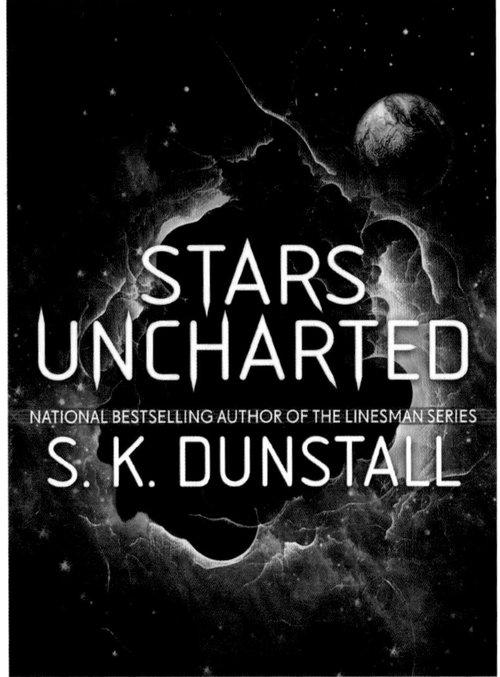

	CMYK 93,94,73,67	RGB 12,9,26
	CMYK 18,7,65,0	RGB 228,227,111
	CMYK 5,18,79,0	RGB 255,218,59
	CMYK 56,94,100,45	RGB 94,26,15

○ 同类赏析

该封面以深邃的黑色做背景，用绿色、黄色、橙色、青色等清澈、灵动又比较刺目的色彩来搭配，配色与书籍题材一样充满科幻感。

○ 其他欣赏 ○　**○ 其他欣赏 ○**　**○ 其他欣赏 ○**

EVERY PARENT'S GUIDE

TO HELPING TEENAGERS AND YOUNG ADULTS THRIVE IN THEIR FAITH, FAMILY, AND FUTURE

GROWING WITH

KARA POWELL & STEVEN ARGUE

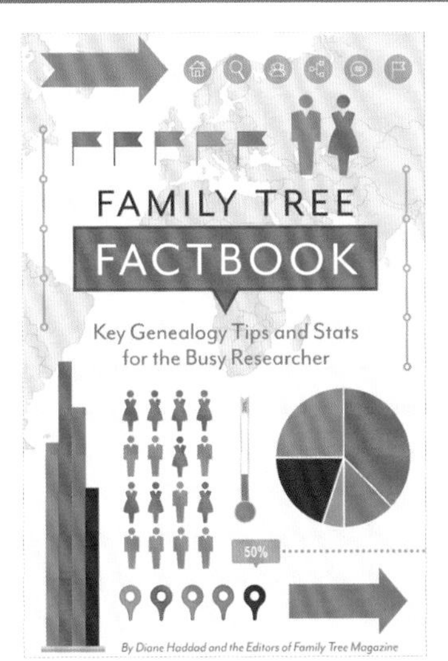

6.1.6 封面文字的设计

文字字形本身就具有个性美。除此之外，还可以通过编排设计来让封面文字的整体布局具有视觉美感。封面中，书名是核心，其他文字内容都要服从书名来设计，让文字内容具有视觉等级。在装帧设计中，为了让封面文字有更好的外观效果，还可以将文字与UV上光、镂空、凹凸压印、烫金等印刷工艺结合起来，使书籍的封面文字更精美，更有设计感。

CMYK	RGB	CMYK	RGB
80,93,64,49	51,27,49	67,78,18,0	115,78,145
21,8,54,0	220,224,140	81,36,28,0	0,139,172

○ 思路赏析

该封面注重使用视觉字体，即 Marvin Visions字体，厚实、紧凑的几何字形能让人联想到19世纪六七十年代的视觉语言，文字上的反光箔为这本书增添了少许神秘感。

○ 配色赏析

封面为哑光的黑色饰面，与闪亮的全息箔形成对比，全息箔也增强了文字的光泽感，字体表面虽然是平的，在视觉上看起来却是三维的。

○ 设计思考

封面文字的设计与市场中其他占星术书籍有很大的不同，在视觉和触觉上给读者一种全新的感受，这种设计方式也可让书籍在市场中脱颖而出。

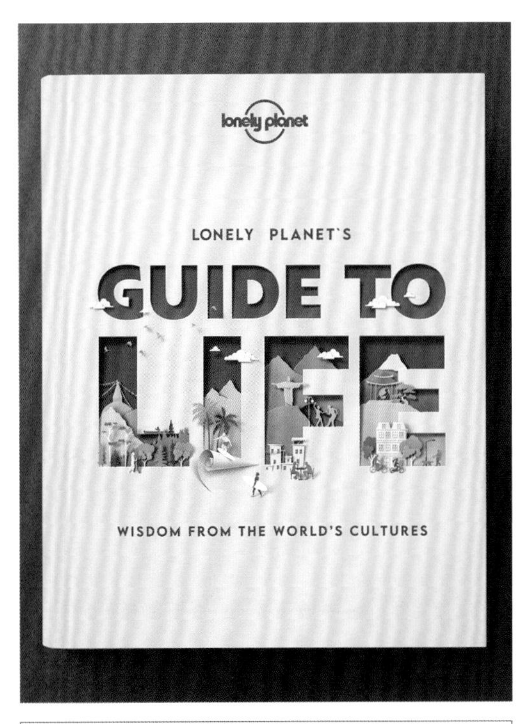

	CMYK	5,23,12,0	RGB	243,211,212
	CMYK	53,94,63,16	RGB	131,42,70
	CMYK	82,42,92,4	RGB	46,123,67
	CMYK	30,11,20,0	RGB	192,213,208

	CMYK	26,21,24,0	RGB	199,196,189
	CMYK	71,67,63,19	RGB	87,81,81
	CMYK	79,28,75,0	RGB	40,146,98
	CMYK	35,29,30,0	RGB	180,177,172

○ 同类赏析

该文字设计很有吸引力，“Guide to Life”是镂空雕刻效果，一些简单的日常活动场景被呈现在封面中，普通的文字也变得非常生动有趣。

○ 同类赏析

凹凸压印工具突出了封面文字，也充分展现了这种材质的纸的柔韧性和可塑性，文字的设计效果能够吸引读者触摸互动。

○ 其他欣赏 ○

○ 其他欣赏 ○

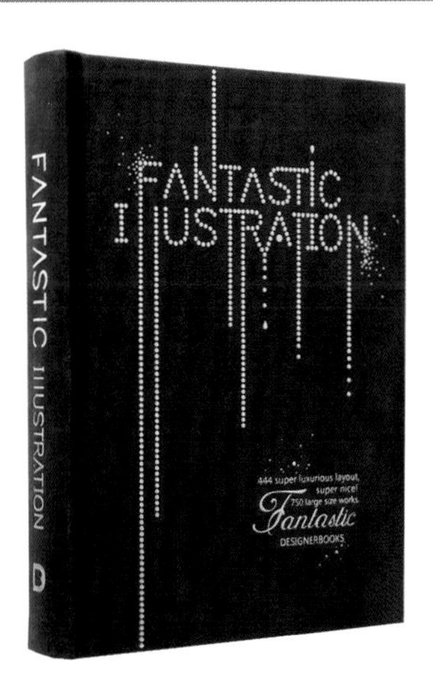

○ 其他欣赏 ○

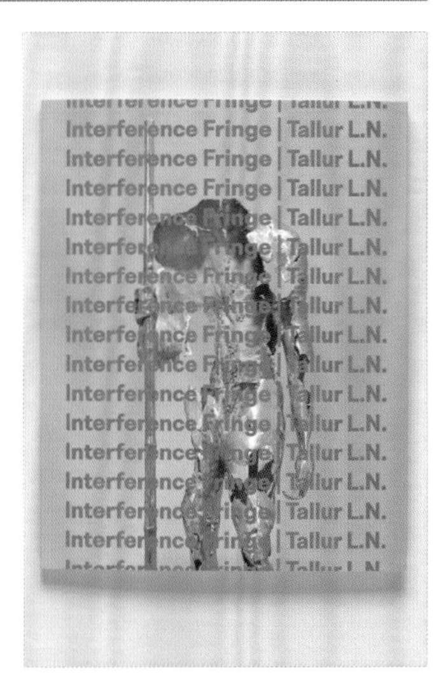

6.2 书籍封底设计

封底又称封四、底封，对封面、书脊具有补充、总结或强调的作用。封底和封面是不可分割的，二者相互帮衬、缺一不可。将封面与封底结合起来看，可以看出两者密切相关，首尾能够彼此呼应。封底的设计一般没有封面复杂，在具体设计时，也有不同的表现形式。

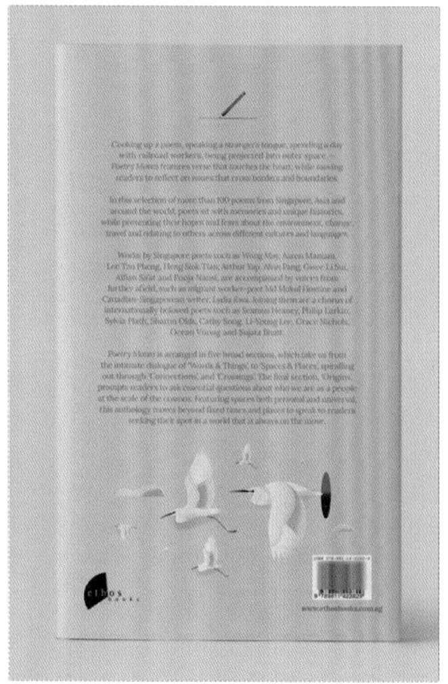

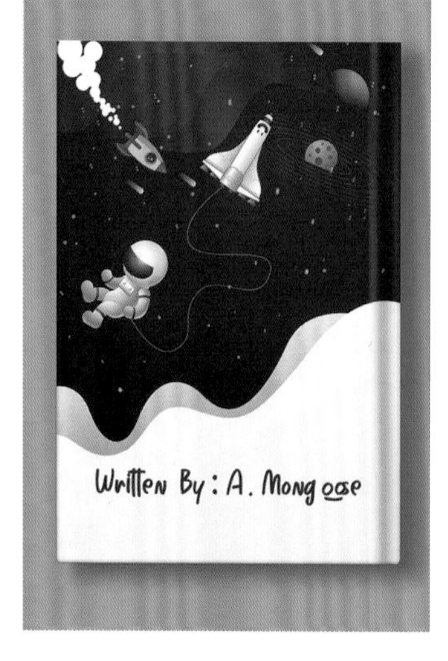

6.2.1 封底的内容信息

封底通常印有书籍的书号、定价、条形码以及书籍简介、出版人、地址、联系电话等信息。在书籍装帧设计中，封底是比较容易被忽视的部分，实际上，相比勒口、版权页，封底更容易进入读者的视线。因此，在装帧设计中要充分发挥封底的作用，具体设计时要注意封底与封面的统一性和主次关系。

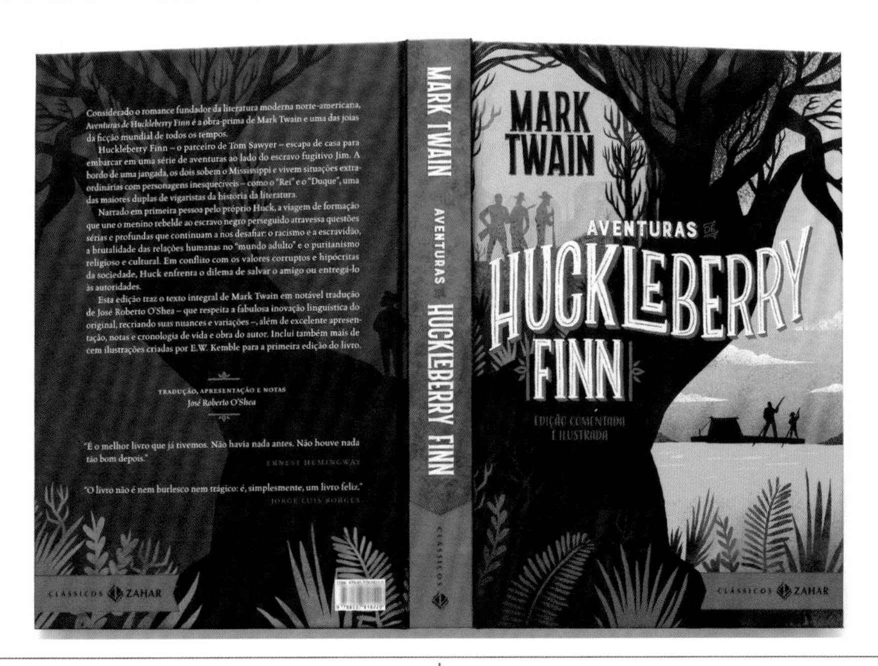

CMYK	RGB	CMYK	RGB
98,81,62,37	1,48,66	68,0,60,0	2,209,141
0,96,92,0	252,5,16	1,56,86,0	250,143,34

○ 思路赏析

该封底的图形没有封面丰富，编排方式也有所不同，更多的是承载内容，印有内容简介、评价、推荐语、书号等信息，简单、直接地说明了本书的长处，与封面形成呼应关系。

○ 配色赏析

封面的色彩是张扬的，封底的色彩相对更沉稳。在色彩上，封面和封底分别发挥了不同的功能作用，封面色彩有利于吸引视线，封底色彩有利于内容阅读。

○ 设计思考

封底的图形、文字及其布局方式都可以与封面不同，但与封面应该是有联系的。本例的封面、封底图形呈对称性，画面效果统一和谐，充分利用了封底的宣传功能。

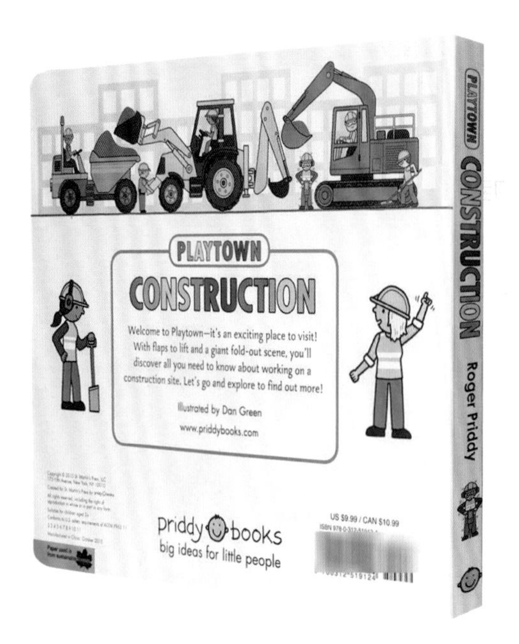

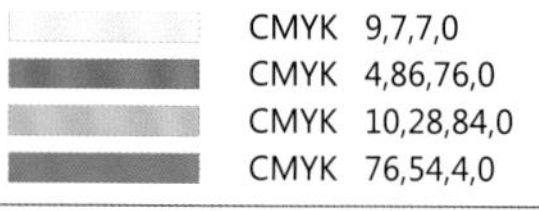
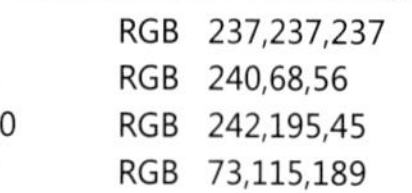

	CMYK 9,7,7,0	RGB 237,237,237
	CMYK 4,86,76,0	RGB 240,68,56
	CMYK 10,28,84,0	RGB 242,195,45
	CMYK 76,54,4,0	RGB 73,115,189

	CMYK 75,65,60,17	RGB 79,84,87
	CMYK 64,11,2,0	RGB 71,188,142
	CMYK 86,83,66,47	RGB 38,40,53
	CMYK 62,86,77,46	RGB 83,38,41

同类赏析

该封底印有书号、定价、条形码、插图、出版人等内容，封底的信息比较丰富，设计风格与封面效果是和谐统一的。

同类赏析

该书籍为精装布艺封面。由于是画册作品集，开本尺寸也较大，因此封底的设计比较简单，以图为主，以便于使读者把注意力集中于插图欣赏。

其他欣赏　**其他欣赏**　**其他欣赏**

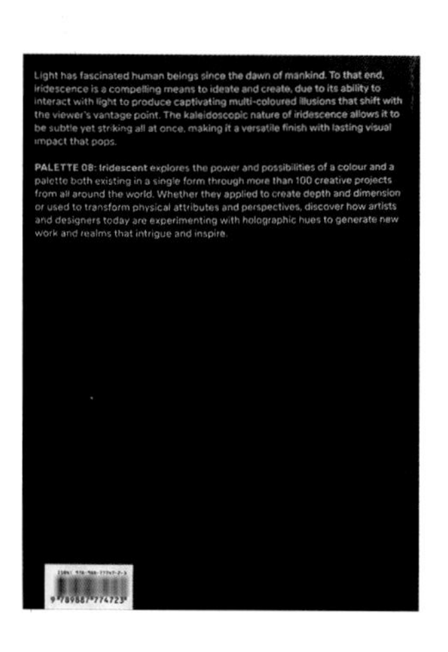

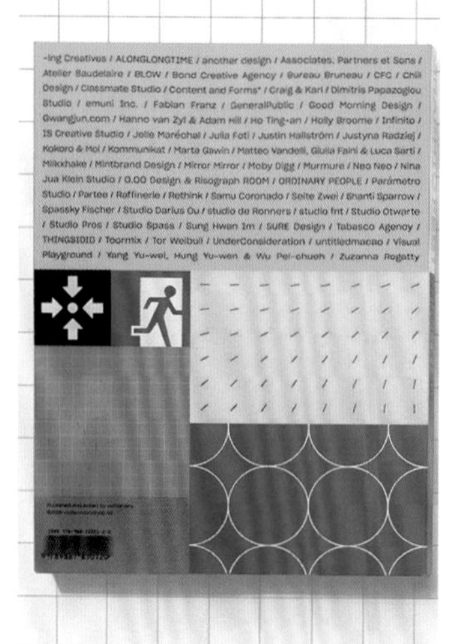

6.2.2 封底的基本表现形式

封底有3种基本表现形式，包括素面型、图像型和文字型。素面型是指颜色单一，没有图形，只有条形码、定价等基本信息的封底。图像型是指有显眼图像的封底，有的书籍封底图像与封面相同或者与封面形成一个有机整体，有的封底图形则相对较简单。文字型封底一般印有书籍宣传语、简介、作者介绍或者丛书相关内容等，这类封底具有很强的宣传作用。

CMYK	RGB	CMYK	RGB
CMYK 81,78,72,51	RGB 44,42,45	CMYK 16,12,12,0	RGB 220,220,220
CMYK 3,3,3,0	RGB 248,248,248	CMYK 22,60,55,0	RGB 210,127,105

○ 思路赏析

这是一本关于两个孩子和一只猫决定进行万圣节冒险的书籍，封面和封底的插图具有连续性，配合文字介绍让故事更具有画面感。

○ 配色赏析

书籍装帧设计要营造万圣节氛围，色彩基调为灰色调，中性偏暗的色彩突出了画面的低纯度特征，使人感到神秘。

○ 设计思考

图像型封底要注意与封面之间的主次关系，如果封面的插图比较复杂，那么封底的插图就要相对简单一些，若封底中要加入文字内容，插图的设计就更不能过多、过杂。

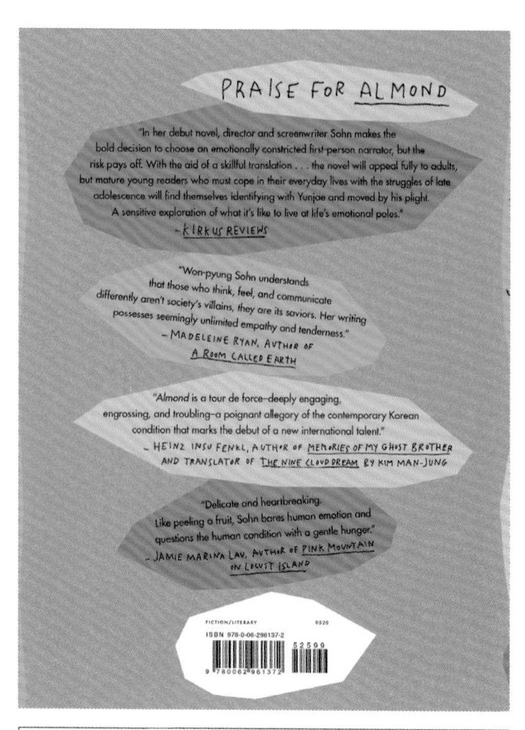

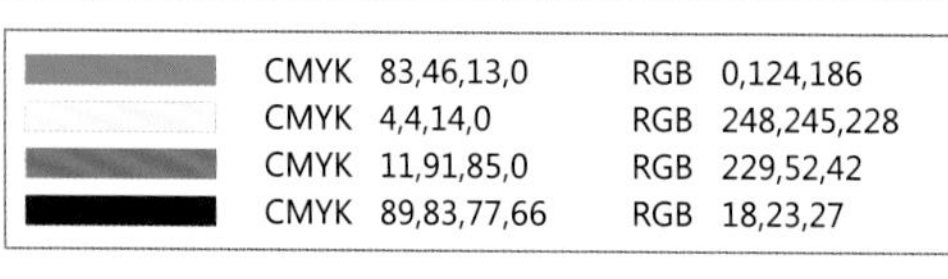

	CMYK	RGB
	83,46,13,0	0,124,186
	4,4,14,0	248,245,228
	11,91,85,0	229,52,42
	89,83,77,66	18,23,27

	CMYK	RGB
	65,50,11,0	110,127,183
	24,71,86,0	206,102,49
	33,20,23,0	184,194,193
	27,39,87,0	205,164,50

同类赏析

这本儿童启蒙英语书的封底采用的是图文结合的设计方式。作为一本少儿读物，图形设计选择了儿童喜欢的卡通形象，极大地增强了封底的趣味性。

同类赏析

封底以文字为载体，每一个色块都是一条评论，这种推销是强有力的。文字采用垂直居中布局方式，具有稳定性和秩序性。

其他欣赏　**其他欣赏**

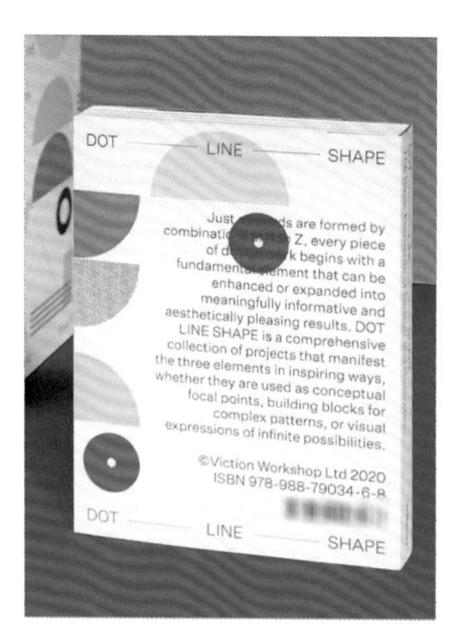

6.3 书脊和勒口设计

书脊是连接书刊封面、封底的部分。精装书的书脊会高出书芯表面；平装书的书脊则是平齐的。勒口又称为折口，是书籍封皮的延长内折部分，有前勒口和后勒口。勒口有保护书芯、补充说明、防止封面/封底卷曲、装饰美化的作用。书脊、勒口、封面和封底共同构成了书籍的封皮，设计时要将这几个部分作为一个平面来构思。

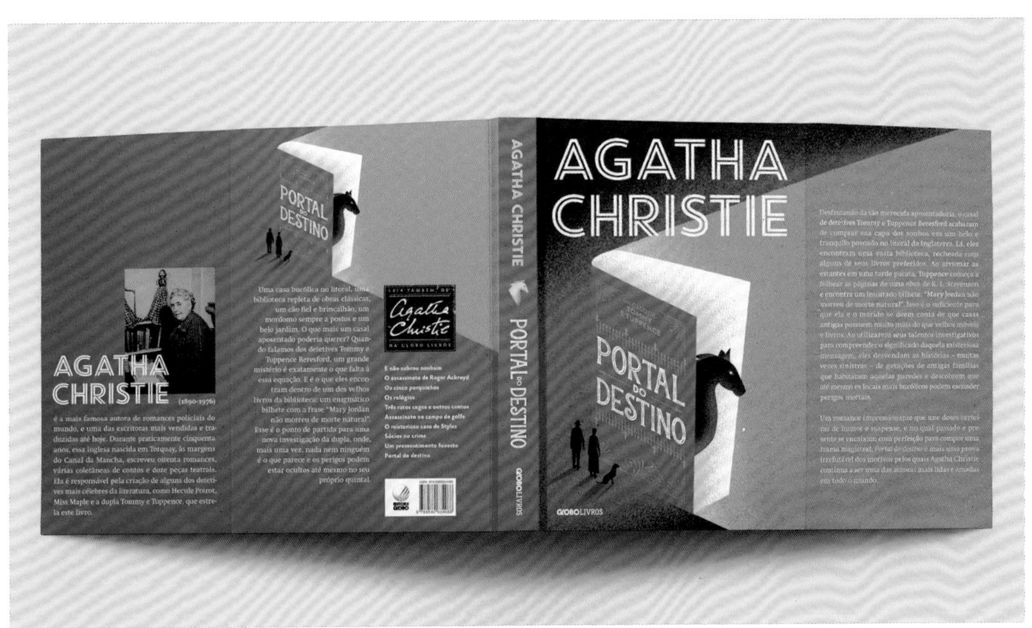

6.3.1 书脊设计的方法

当书刊齐整地排列在书架上时，读者首先看到的就是书刊的书脊（骑马订的杂志没有书脊），书脊相当于书芯的厚度。书脊与封面是相互呼应的，一般印有书刊的书名、作者名、期号和其他信息，有时还会运用封面的部分图案元素，使书脊与封面、封底形成一个整体。在设计书脊时，既要考虑其与封面的协调统一性，又要考虑其独立展示性，以便于读者通过书脊查找图书。

	CMYK	RGB		CMYK	RGB
	CMYK 82,42,89,4	RGB 44,122,7		CMYK 86,58,0,0	RGB 12,103,196
	CMYK 4,27,83,0	RGB 254,201,45		CMYK 0,0,1,0	RGB 255,255,253

○ 思路赏析

这3本书是初级、中级、高级英语语法教材，分别定位英语起步阶段、巩固阶段和提升阶段。书脊印有分册名和出版社名称，而且风格保持一致，体现了系列书籍的连续性。

○ 配色赏析

这3本分册分别采用了红色、蓝色和绿色为背景，字体颜色都为橙色和白色，与背景形成鲜明对比，配色体现了分册之间的关联性。

○ 设计思考

系列书书脊的风格应该保持整体一致性，每一本分册都可以利用色彩来区分，让书籍在统一中又有一定的变化。

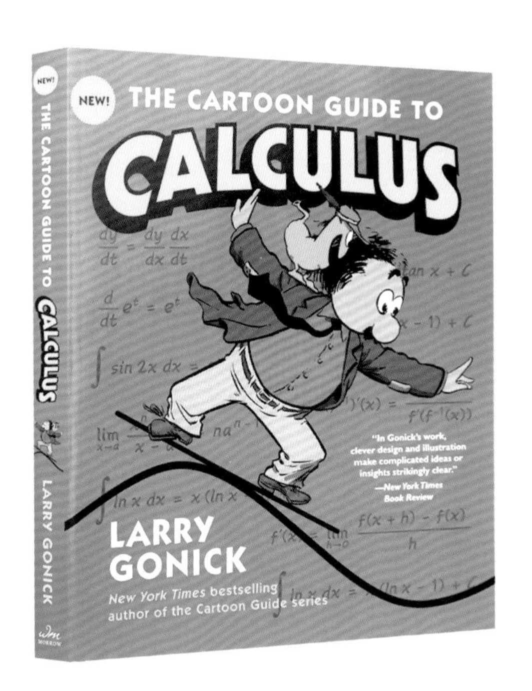

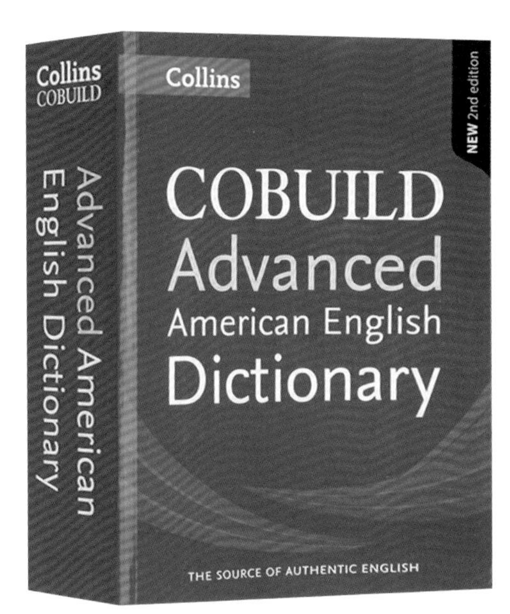

	CMYK		RGB	
	CMYK	72,35,3,0	RGB	66,148,214
	CMYK	9,0,74,0	RGB	255,255,70
	CMYK	0,69,62,0	RGB	255,115,84
	CMYK	79,74,66,37	RGB	58,57,62

	CMYK		RGB	
	CMYK	33,98,100,1	RGB	188,33,29
	CMYK	1,1,2,0	RGB	253,252,250
	CMYK	8,11,83,0	RGB	252,228,42
	CMYK	78,84,86,70	RGB	33,18,15

同类赏析

这本漫画微积分的封面生动有趣，书脊运用了封面中的图形、文字等设计元素，结构合理美观，将作为主体的书名突出在视觉的中心位置。

同类赏析

上图展示的是一本英语词典的封面和书脊，书脊中的书名醒目突出，独立展示时也能很好地被识别，字体和颜色与封面高度一致。

其他欣赏　　其他欣赏　　其他欣赏

6.3.2 勒口设计的方法

并不是所有的书籍都会设计勒口，勒口主要以精装书为主，而部分平装书为了增加美感，或对封面进行说明也会设计勒口。勒口尺寸一般为封面/封底宽度的1/3~1/2，具体长度要根据设计需要和成本来确定。

勒口可用于延伸封面内容，可以编排作者介绍、内容简介、封面说明或同类书目，当然。勒口也可以是空白的。

	CMYK	RGB		CMYK	RGB
	CMYK 44,6,34,0	RGB 156,207,185		CMYK 93,89,41,7	RGB 45,56,106
	CMYK 9,86,47,0	RGB 233,66,98		CMYK 0,0,0,0	RGB 255,255,255

○ 思路赏析

作者也是书籍的一个营销点，本书后勒口印有作者Ursula K. Le Guin的肖像照和简介，以便使读者对作者有更全面的了解，并拉近作者与读者之间的距离。

○ 配色赏析

勒口与封面、封底色彩保持了视觉上的整体性，封面、封底运用了红色、绿色、蓝色三大色彩，勒口取红色作为底色，并运用了封底的图形要素。

○ 设计思考

大多数情况下，书籍的前勒口会印内容简介，而后勒口则会印作者肖像、介绍，勒口风格要与封面整体风格相呼应。

Quando tinha 18 anos, Nellie Bly leu no jornal um artigo sobre o "problema" que eram as mulheres que não se casavam e tinham filhos. Ela respondeu em uma carta tão elegante e mordaz que o editor do jornal logo a contratou. Para não ficar restrita às sessões de moda e "cuidados do lar", Nellie partiu, aos 21 anos, para Nova York à procura de emprego e foi desafiada por Joseph Pulitzer a investigar, pelo lado de dentro, um asilo mental acusado de maus-tratos com as pacientes. "Eu disse que poderia, que iria e o fiz", foi a resposta. E o fez com coragem e afinco. Alojou-se em uma pensão, onde fingiu ter um surto, foi detida pela polícia e examinada por um juiz e por médicos. Enganou a todos, foi tachada como louca irremediável e levada ao infame "Asilo de Loucos" da Ilha Blackwell, com a esperança de ser retirada de lá ao fim de dez dias. "A gente vê como faz isso mais tarde", disse o editor, o único que sabia da artimanha. Dentro das grades do manicômio Nellie sofreu na pele, literalmente, os abusos de enfermeiras sádicas e o descaso de médicos incompetentes ou desinteressados, a quem ninguém conseguia provar a própria sanidade, já que qualquer reclamação era desqualificada como mera "alucinação".

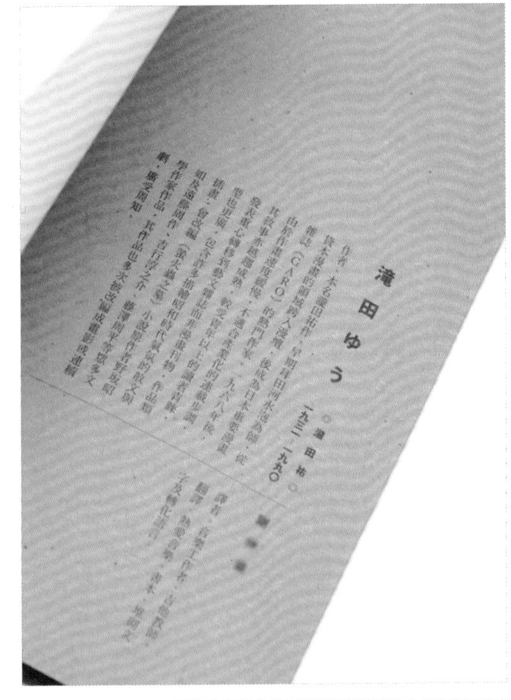

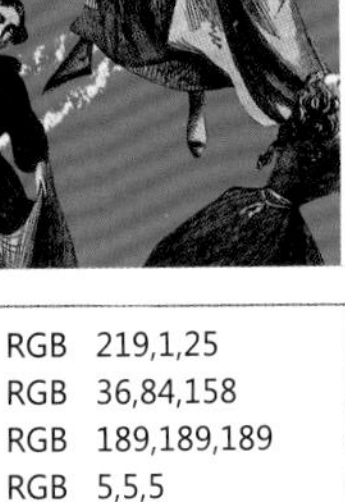

	CMYK	RGB
	17,100,99,0	219,1,25
	90,71,13,0	36,84,158
	30,23,22,0	189,189,189
	91,86,87,78	5,5,5

	CMYK	RGB
	31,36,39,0	191,168,150
	58,56,56,2	128,115,107
	79,75,75,52	45,44,42
	8,4,5,0	238,242,243

○ 同类赏析

该书籍的前勒口印有全书的内容简介，内容简介对小说故事情节进行了概述，有吸引力的内容简介大大提高了读者阅读正文的兴趣。

○ 同类赏析

该书籍的后勒口印有作者和译者的简介，能够让读者对作者和译者有更深入的认识。版面设计简洁大方，文字清晰易读。

○ 其他欣赏 ○　○ 其他欣赏 ○　○ 其他欣赏 ○

6.4 书籍其他部位的设计

部分书籍除了有封皮外，还有书套、腰封等，这些都是书籍可选的结构部件。书籍的整体装帧不仅包括封面等外观的设计，还包括内文的设计，如环衬、目录页等，每个部件都有其特殊的作用和表现形式。下面就来看看书籍其他部位的设计内容和表现形式。

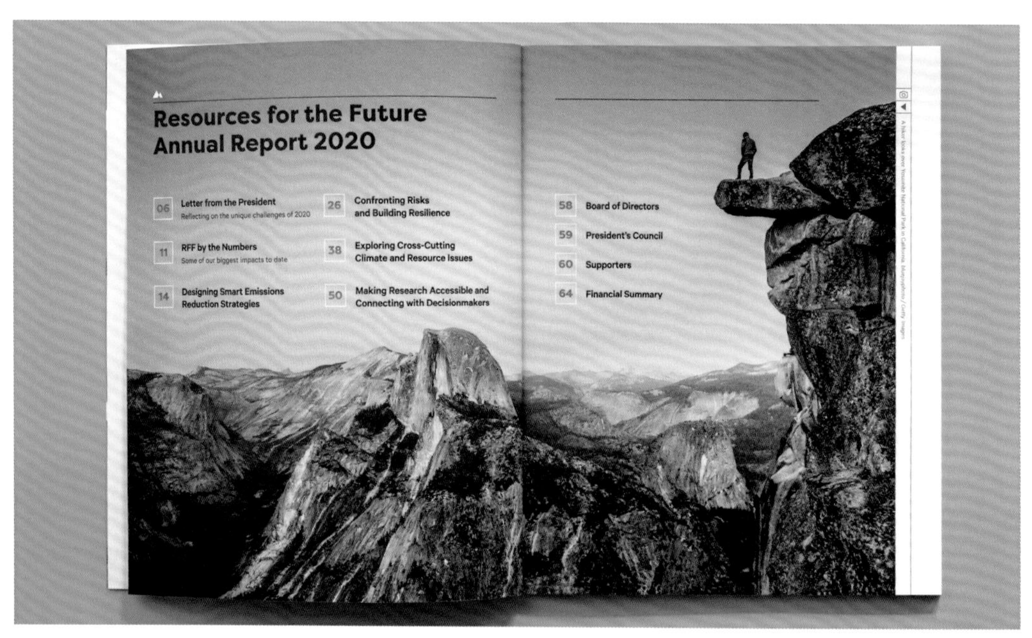

6.4.1 书套的设计

书套并不是书籍的必备部件，它是书籍的封套，具有保护书籍、放置书刊的作用，多用于具有收藏价值的经典名著、多卷本的书刊或其他精装书。

书套需要放置书刊，所以规格要略大于图书，为了便于拿取，现代图书的书套多为插入式的书函，放置时将图书从开口处推入，书脊向外，以便于看清书名。

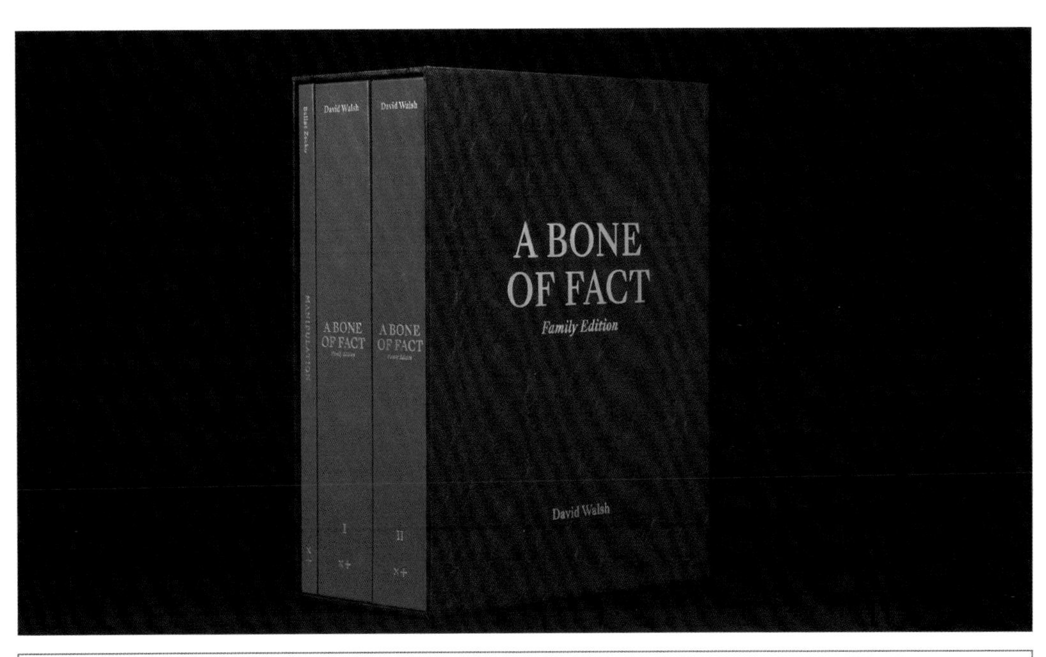

CMYK	RGB	CMYK	RGB
90,87,76,69	16,16,24	37,49,77,0	181,139,75
49,100,100,24	132,24,24	15,31,65,0	229,187,104

○ 思路赏析

该装帧设计体现了书籍的收藏价值，书套和书脊均使用了烫金工艺，美观、庄严而富有立体感，精美的书籍包装无疑能吸引读者的目光。

○ 配色赏析

背景以暗雅的黑色和红色为主调，金色在背景色的衬托下显得大气而古朴，也凸显了文字设计效果，整体配色既高级又优雅。

○ 设计思考

书套的设计也要合理地选用材料和印刷工艺，本例中书套的材质和印刷工艺不仅能增强书籍的触感，提升书籍的整体质量，还能强化视觉效果，让文字呈现出一种金属感和立体感。

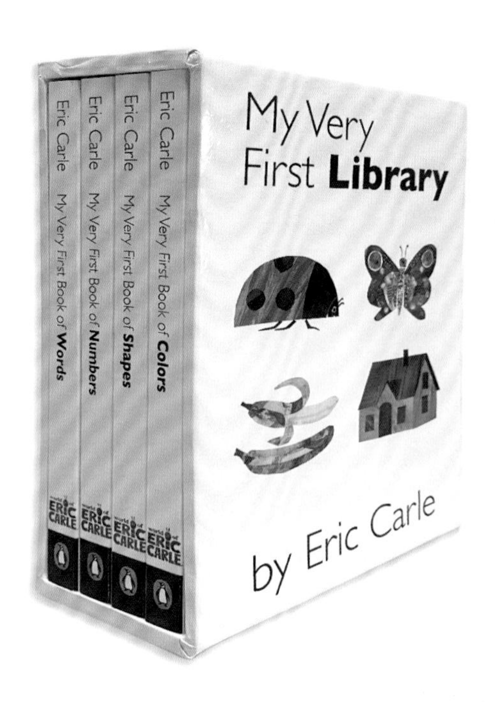

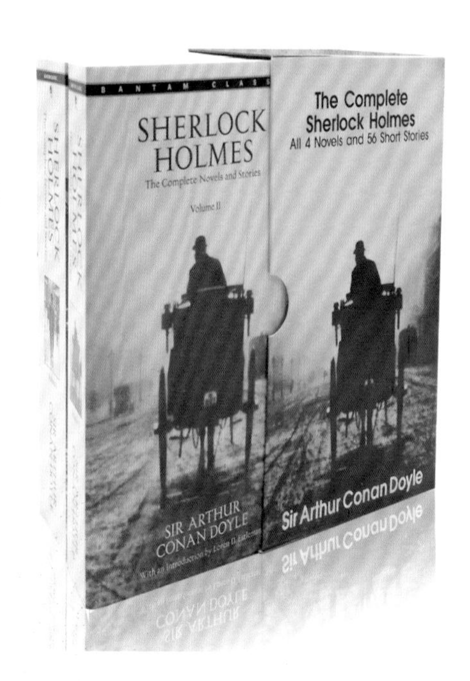

	CMYK 4,3,5,0	RGB 248,247,243
	CMYK 78,76,100,64	RGB 37,31,5
	CMYK 31,92,97,0	RGB 193,53,36
	CMYK 8,9,87,0	RGB 252,231,2

	CMYK 28,22,33,0	RGB 196,194,173
	CMYK 69,67,69,24	RGB 87,78,71
	CMYK 39,37,40,0	RGB 170,158,146
	CMYK 3,3,3,0	RGB 248,248,248

○ 同类赏析

这是一套给幼儿学习颜色、形状、数字和文字的书籍。书套的材质是较硬的纸板，能够对内部书籍起到保护作用，设计美观大方，整体性强。

○ 同类赏析

该系列书籍为平装装帧方式，配有包装图书的书套。书套除了可以保护书籍外，还有装饰作用。书套的选材、加工工艺和图文设计都符合书籍风格。

○ 其他欣赏 ○

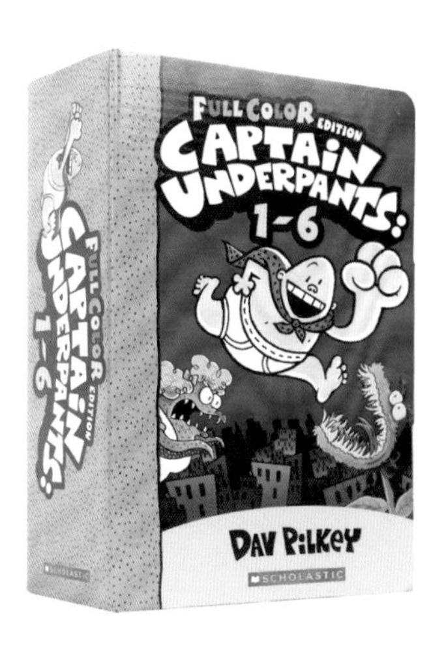

○ 其他欣赏 ○

○ 其他欣赏 ○

6.4.2 腰封的设计

腰封也称“书腰纸”，其形状为一条纸带，多环包于书籍封面的中部，故称为腰封，主要作用是装饰或补充封面的不足。腰封的长度要足够长，这样才能包裹封面、书脊和封底，宽度一般相当于图书高度的1/3，也可以更宽。作为一种封面装饰，腰封的材质一般与封面有所不同，腰封可以印书籍宣传语、内容简介和作者等内容。

	CMYK 77,53,78,14	RGB 72,102,74		CMYK 8,5,26,0	RGB 244,240,203
	CMYK 24,1,34,0	RGB 208,232,196		CMYK 32,43,92,0	RGB 194,153,39

○ 思路赏析

*Cem Anos de Solidao*的中文译名是《百年孤独》，这是一本魔幻现实主义小说。设计师将图书封面的信息转移到腰封上，保证了封面插图的完整性，也使封面看起来更具层次感。

○ 配色赏析

封面的背景色是较深的绿色、黑色，位于视觉中心的蝴蝶是明亮的黄色，自然会成为视觉焦点。腰封中的文字同样运用了亮丽的橙黄色，具有点睛的效果。

○ 设计思考

腰封如果设计合理，能够起到很好的辅助作用。封面、勒口处不便于展示的图文信息，也可以设计在腰封上，但要注意腰封与封面上的文案应有不同的定位，不能混淆。

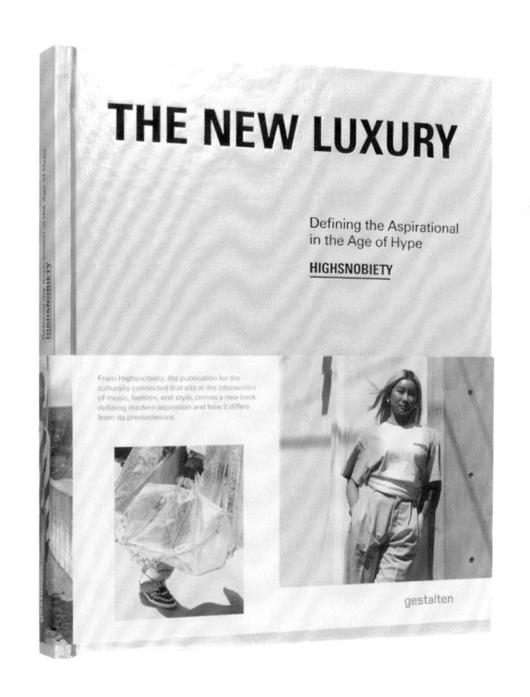

	CMYK		RGB	
	CMYK	20,20,13,0	RGB	211,204,211
	CMYK	0,22,11,0	RGB	254,217,215
	CMYK	69,65,76,27	RGB	85,78,62
	CMYK	88,83,44,8	RGB	55,64,105

	CMYK		RGB	
	CMYK	27,51,62,0	RGB	200,143,100
	CMYK	82,79,76,61	RGB	34,32,33
	CMYK	0,3,4,0	RGB	255,251,247
	CMYK	34,0,86,0	RGB	193,240,36

同类赏析

该书提供了有关“新奢侈品”的文化和时尚趋势的基础知识。彩虹色的封面很有特色，腰封设计选取了书籍内容中有代表性的街头服饰图片。

同类赏析

腰封包裹在图书封面的中部，印有书名*Qualityland*。将书名设计在视觉的中心位置，利于书籍宣传。

其他欣赏　　**其他欣赏**　　**其他欣赏**

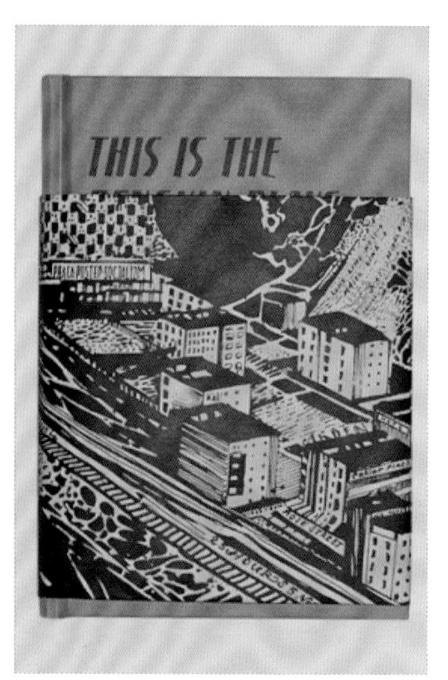

6.4.3 环衬的设计

环衬全称为“连环衬页”，是封面与书芯之间对折成双页的衬页。环衬的纸张一般较厚，有前后之分，在封面之后、扉页之前的是前环衬，在封底之前的是后环衬。环衬可以使封面、封底与书芯紧密相连，具有引导过渡、装饰美化、加固书籍的作用。部分平装书的环衬为单页纸，因此也称为“单环衬”。环衬的颜色、图形、材质等都要与书籍的整体装帧风格保持一致，部分书籍的环衬为白纸或色纸，没有图案。

CMYK	RGB	CMYK	RGB
CMYK 91,88,87,78	RGB 4,2,3	CMYK 0,96,66,0	RGB 255,2,62
CMYK 46,36,25,0	RGB 154,157,172	CMYK 43,44,44,0	RGB 163,145,135

○ 思路赏析

这本*A Arte Da Guerra*《孙子兵法》的前环衬选用了封面中的元素，是基于书籍内容主题所进行的艺术设计。

○ 配色赏析

封面在黑、白色的基础上加入了红色，形成了很有视觉冲击力的配色。环衬的配色相对于封面有所变化，给人一种深沉稳重的视觉感受。

○ 设计思考

书籍的环衬可以运用连续的纹样图形装饰，也可以选用内容中的某个场景画面。色彩一般要与封面有所区别，但要与书籍主题契合，起到引导过渡的作用。

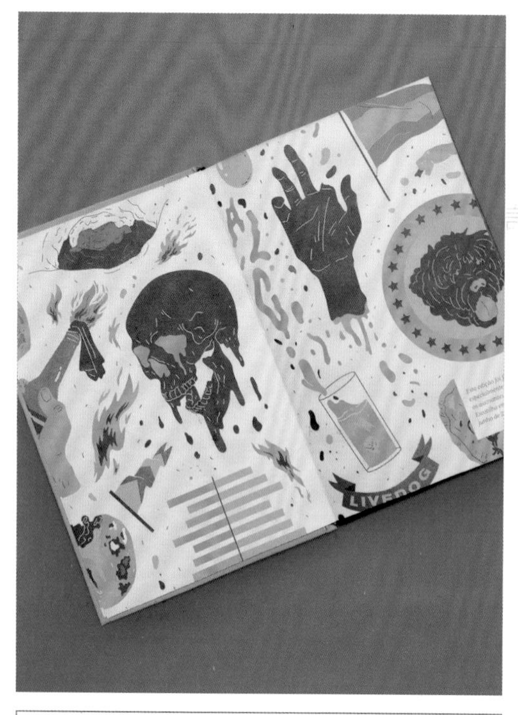

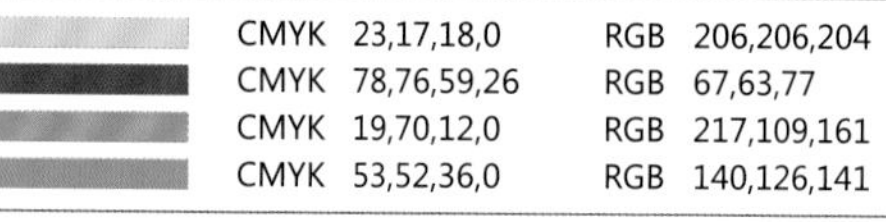

	CMYK 23,17,18,0	RGB 206,206,204
	CMYK 78,76,59,26	RGB 67,63,77
	CMYK 19,70,12,0	RGB 217,109,161
	CMYK 53,52,36,0	RGB 140,126,141

○ 同类赏析

这是*The Wanting Seed*的环衬页设计效果，这是一本恐怖、科幻小说，作为书籍的前环衬，营造了惊悚的氛围。

	CMYK 91,87,55,27	RGB 41,48,77
	CMYK 42,26,16,0	RGB 162,179,199
	CMYK 15,27,9,0	RGB 224,197,212
	CMYK 89,59,18,0	RGB 0,103,165

○ 同类赏析

环衬页的插图描绘了一个很唯美的场景，插图中的小女孩与封面是同一个人，其风格内容与书籍装帧设计整体高度一致。

○ 其他欣赏 ○

○ 其他欣赏 ○

○ 其他欣赏 ○

6.4.4 目录的设计

目录是一本书的纲领概括，具有检索、导航的作用，通过目录读者可以快速了解和查阅一本书的内容。目录一般安排在前言页后，为了便于读者翻检，目录的设计应简洁有条理。

目录的主要内容是章节标题和页码，即把每节内容的标题与其对应的页码连接起来。在版式设计上，目录页有着较大的创意空间。

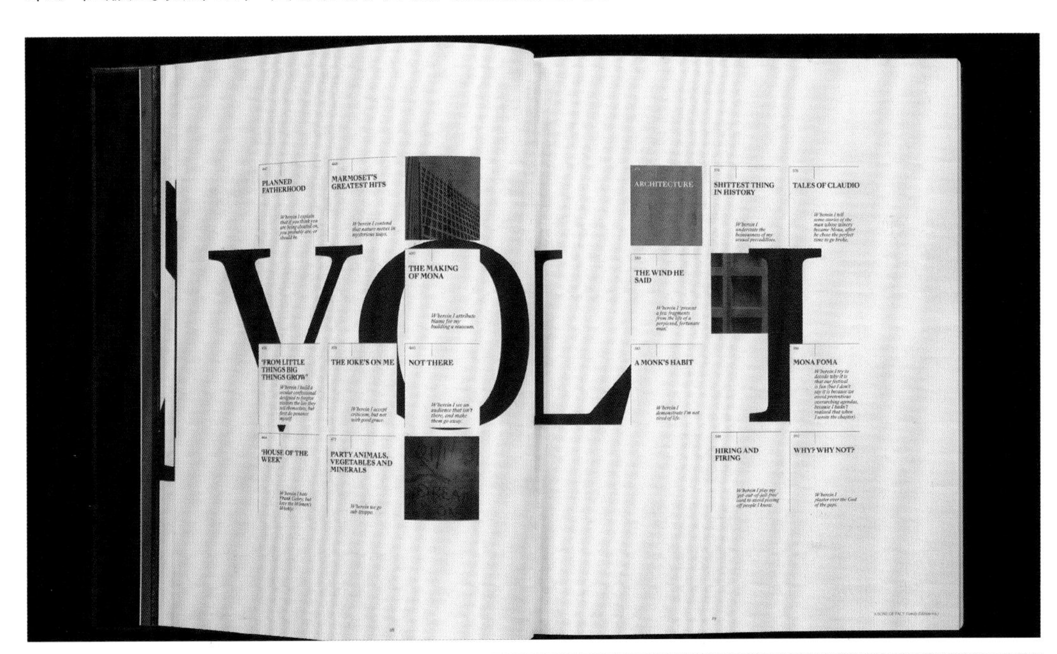

CMYK	RGB	CMYK	RGB
CMYK 23,22,19,0	RGB 206,198,198	CMYK 49,58,77,3	RGB 151,115,74
CMYK 54,63,79,11	RGB 132,99,66	CMYK 79,79,77,60	RGB 40,33,33

思路赏析

该书的章节用线条做分栏设计，使章节内容独立出来，呈网格状排列，目录中还加入了图片元素，错位的排版方式新颖有趣。

配色赏析

目录页的色彩设计很有历史感，文字都为黑色，图片都为棕色，这与书籍的内容定位契合。另外，黑色的字体也可以使信息内容更加清晰易读。

设计思考

目录设计可以借助线条、留白来做分栏和信息区隔离，如果是内容较少的目录页，还可以在目录中加入图片，以消除纯文字目录带来的单调感。

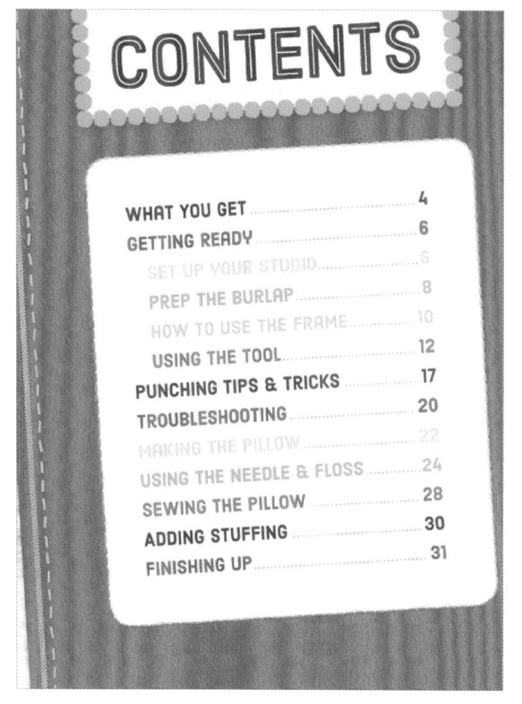

CONTENTS

CMYK	RGB
6,77,48,0	240,93,103
58,0,50,0	99,216,163
81,83,14,0	81,67,146
0,0,0,0	255,255,255

同类赏析

这是一本手工创意玩具书的目录。目录采用的是常规的设计方式，有清晰的逻辑框架，形成统一、齐整的美感。

Table of Contents

CMYK	RGB
24,21,0,0	203,202,242
14,26,0,0	227,201,236
15,3,13,0	226,239,230
1,5,13,0	254,247,229

同类赏析

该书是6~12岁儿童的英语教材。教材的目录简洁明了，用色彩辅助区分章节，分栏设计使版面显得更好看。

其他欣赏 **其他欣赏** **其他欣赏**

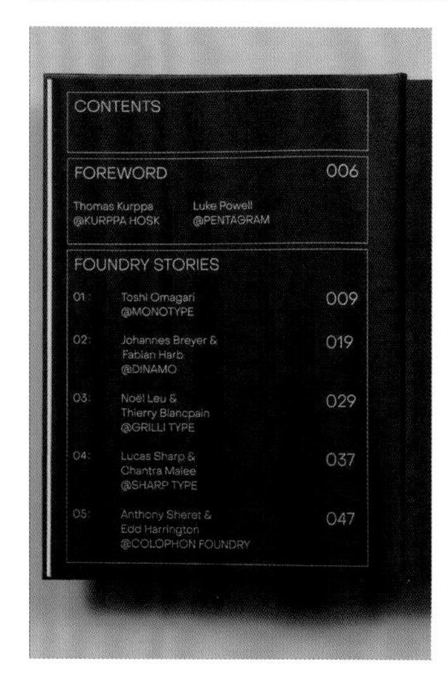

CONTENTS

FOREWORD 006
Thomas Kurppa @KURPPA HOSK Luke Powell @PENTAGRAM

FOUNDRY STORIES
01: Toshi Omagari @MONOTYPE 009
02: Johannes Breyer & Fabian Harb @DINAMO 019
03: Noël Leu & Thierry Blancpain @GRILLI TYPE 029
04: Lucas Sharp & Chantra Malee @SHARP TYPE 037
05: Anthony Sheret & Edd Harrington @COLOPHON FOUNDRY 047

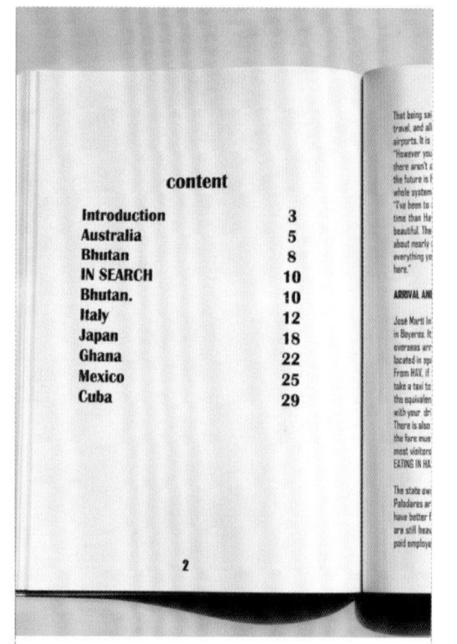

content

2

CONTENT

第7章

书籍装帧分类设计赏析

学习目标

通过前面的内容，我们已经对书籍装帧设计的基本要素、印刷工艺、装帧构成有了清晰的认识。书籍的装帧设计因不同类型的图书而存在视觉风格上的差异，每位设计师也有自己独特的设计风格。本章就一起来赏析不同类型、题材的书籍的装帧设计。

赏析要点

- 文学名著类书籍
- 畅销小说类书籍
- 诗歌与散文类书籍
- 美术、摄影画册
- 视觉设计类书籍
- 儿童绘本类书籍
- 卡通漫画类书籍
- 学习类工具书书籍
- 经管营销类书籍

7.1 文学类书籍装帧设计

文学类书籍包括名著小说、诗歌、散文等类型。从作品类别来看，又可细分为多个类别，如小说可分为悬疑小说、历史小说、科幻小说和言情小说等类别。文学类书籍的装帧设计要体现文艺韵味，通过艺术手段营造情境氛围，传达作品的深刻含义，从而激发读者阅读的欲望。

7.1.1 文学名著类书籍

文学名著是深受广大读者认同的书籍。作为被大众所熟知的经典图书，文学名著能够连续销售几年、几十年甚至上百年，所以文学名著也被称为长销书。文学名著的内容是固定的，但是装帧设计却要不断更新变化，以适应当代读者的审美需求，吸引更多新的读者阅读。

CMYK	RGB	CMYK	RGB
96,78,55,23	9,61,85	64,21,87,0	109,165,74
40,44,62,0	172,147,106	40,18,12,0	167,194,215

○ 思路赏析

上图展示了*The Great Gatsby*豪华版的封面、封底和前勒口，封面设计很有现代感、时尚感，把书名用3D字体呈现，字体与背景纹样装饰的风格是协调统一的。

○ 配色赏析

深蓝色给人一种深邃的神秘感，搭配金色赋予书籍一种高贵的优雅感。前勒口运用了荧光绿，整个封面的色彩搭配既高级又贵气。

○ 设计思考

从装帧形式上来看，文学名著不一定要以庄重严肃为主要装帧风格，也可以是具有趣味性、现代感的风格。本案例的设计就颇具时尚现代感，更能吸引年轻读者的注意力。

	CMYK	RGB
	CMYK 78,72,70,40	RGB 57,57,57
	CMYK 18,40,70,0	RGB 221,167,87
	CMYK 36,85,82,2	RGB 180,71,56
	CMYK 0,0,5,0	RGB 255,255,247

	CMYK	RGB
	CMYK 78,75,76,53	RGB 47,43,40
	CMYK 3,11,10,0	RGB 248,235,229
	CMYK 53,76,88,23	RGB 122,70,46
	CMYK 24,26,77,0	RGB 213,190,78

同类赏析

该书籍的装帧类型为简装，书籍的开本尺寸不大，小巧轻便，更便于读者随身携带阅读。书籍内容充满着阴森恐怖气息，封面的设计诠释了这一特点。

同类赏析

该书的封面采用分割型布局，将版面按2 ：1的比例分割，上半部分以图为主，下半部分是书名，图形设计能够体现书籍主题。

其他欣赏　**其他欣赏**　**其他欣赏**

7.1.2 畅销小说类书籍

畅销小说是受大多数读者热捧的书籍，这类书籍有一定的知名度，通常会有好几种译本。为了使书籍满足不同读者的阅读或收藏需求，可能会有不同的装帧版本，例如简装版、精装版等。不管是哪种装帧形式，整体的设计都应该遵循书籍装帧的基本原则。

	CMYK	RGB		CMYK	RGB
	CMYK 81,75,71,48	RGB 46,47,49		CMYK 26,35,97,0	RGB 207,170,1
	CMYK 8,81,62,0	RGB 234,82,79		CMYK 22,25,60,0	RGB 214,192,117

○ 思路赏析

这7本精装版书籍装在精美的包装盒中，还配有独家插图，护封和封面都印有格兰芬多的狮子图案，7本书的封面细节装饰各有不同，精美的装帧体现了书籍的珍藏价值。

○ 配色赏析

书籍装帧采用了交替式的配色方式，主要色彩有黑色、红色和金色3种，封面背景色为红色或黑色，而金色则作为辅助配色。整部书籍显得华贵且神秘。

○ 设计思考

很多畅销小说都既有简装版，又有精装版。精装书的装帧成本较高，但是看上去更精美，档次更高，更具备珍藏价值，精装版能满足对书的呈现效果有更高要求的读者的需求。

	CMYK	RGB
	82,78,79,62	33,32,30
	81,85,43,7	77,62,105
	73,71,40,2	94,87,120
	39,27,36,0	171,177,163

○ 同类赏析

该书的腰封有装饰和营销双重作用，其上强有力的推荐性文案进一步激发了读者阅读的欲望。腰封的设计也契合书籍气质。

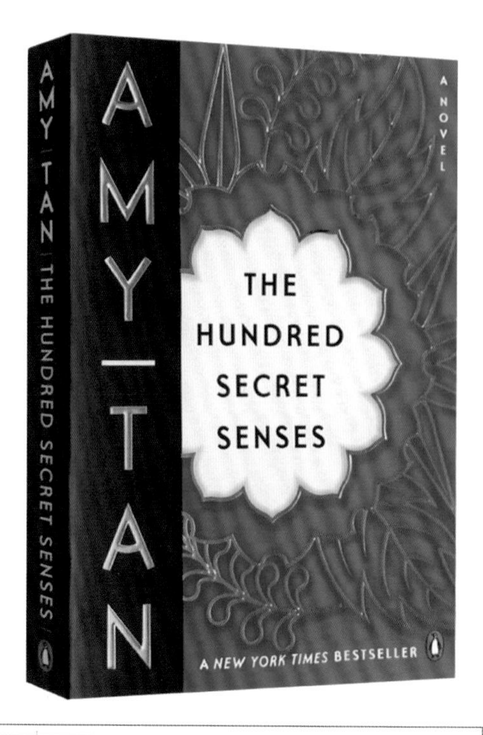

	CMYK	RGB
	87,88,15,0	66,57,140
	83,78,77,60	33,33,33
	2,9,16,0	252,239,220
	4,0,36,0	255,253,185

○ 同类赏析

该设计作品运用了神秘的深紫色，充分体现书名 *The Hundred Secret Senses*《百种神秘感觉》，设计上突出作者名，为书籍积累人气。

○ 其他欣赏 ○

○ 其他欣赏 ○

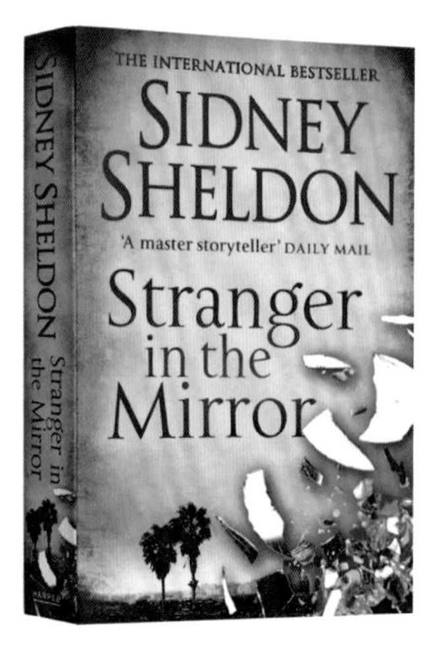

○ 其他欣赏 ○

7.1.3 诗歌与散文类书籍

诗歌与散文是两种重要的文学体裁，这两种体裁都很注重思想情感的表达，内容具有短小灵活的特点。这些特点决定了此类书籍的版面设计会很有呼吸感，字间距、行距都不会像小说那样紧凑，在文章中还可以配图，让读者感受文字之美的同时，也能体会到艺术之美。封面的设计一般会凸显作品的思想情感、文体美感或作者。象征、具象、抽象都是常用的表现方式，以间接表达富有深意的内容。

	CMYK	RGB		CMYK	RGB
	CMYK 79,73,71,43	RGB 54,54,54		CMYK 24,17,18,0	RGB 202,204,203
	CMYK 51,90,76,20	RGB 132,50,56		CMYK 0,0,0,0	RGB 255,255,255

○ 思路赏析

该书的封面用线条描绘了作家“Joseph Brodsky”的形象。一根红线穿过书脊在封底形成一个缠绕的线球，这根红线一直贯穿于整本书中，具有向导的作用，引导读者阅读诗人的所有作品。

○ 配色赏析

借用红色、黑色和灰色来强调戏剧性和前卫性，红色的线条流畅地穿过书页，跟随它，读者能够从作家早期的诗歌阅读到新的作品。

○ 设计思考

书籍的装帧设计可以借助图形、色彩、版式设计来引导读者沉浸到作品的世界中。本案例中的黑白色调、纸张纹理，都有助于引导读者进入诗歌的时代。

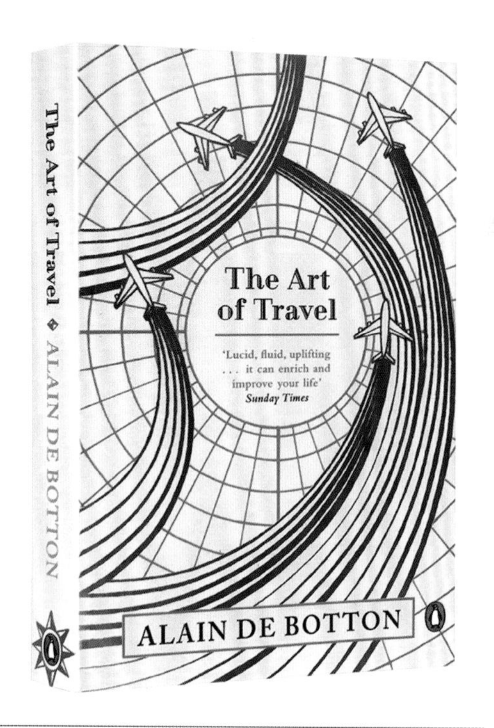

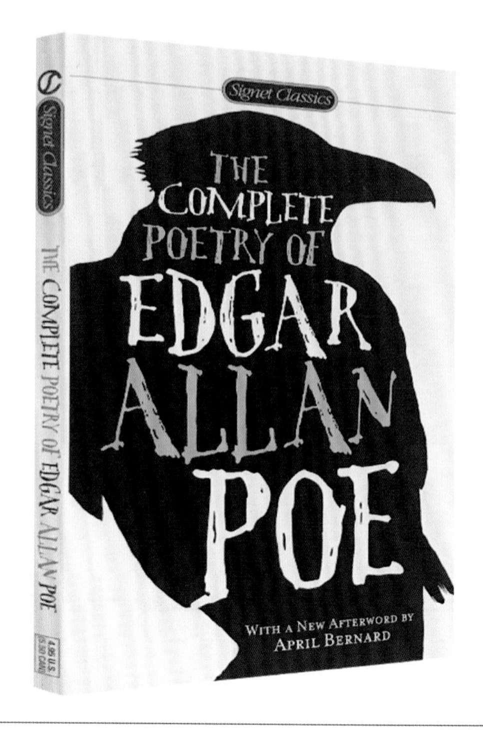

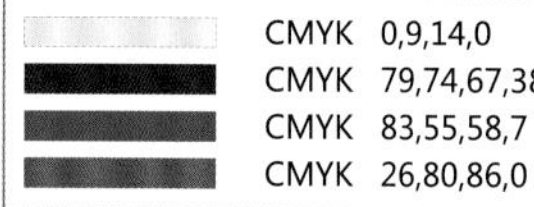

	CMYK 0,9,14,0	RGB 255,239,222
	CMYK 79,74,67,38	RGB 57,57,61
	CMYK 83,55,58,7	RGB 52,103,104
	CMYK 26,80,86,0	RGB 201,84,49

	CMYK 4,5,7,0	RGB 247,243,249
	CMYK 86,79,68,49	RGB 35,42,50
	CMYK 31,24,23,0	RGB 186,186,186
	CMYK 6,4,10,0	RGB 243,243,245

○ 同类赏析

这是一本关于旅行的随笔，封面使用了经纬网状图、飞机两种能代表旅行的视觉元素，曲线为版面带来了动感和艺术感。

○ 同类赏析

该书收录了Edgar Allan Poe的主要诗歌，包含The Raven（乌鸦）、To Helen（致海伦）等名篇，书籍封面以一只乌鸦作为主体视觉元素。

○ 其他欣赏 ○

○ 其他欣赏 ○

○ 其他欣赏 ○

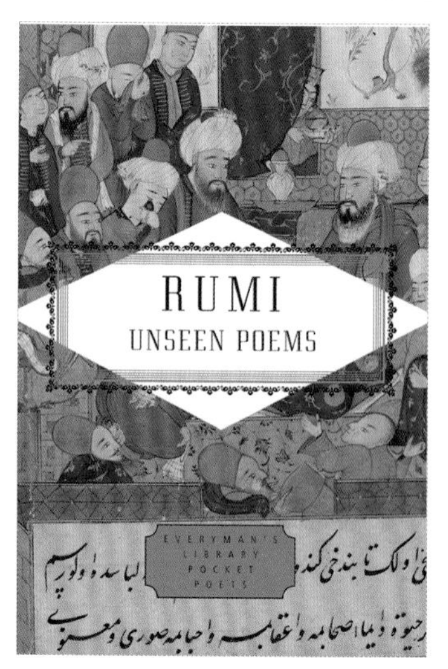

深度解析 当代文学类书籍

文学作品的类型有很多，不同类别的作品会呈现不一样的风格特征，作为文学类图书，可利用象征、隐喻等手法来体现书籍的主题，并通过色彩、图形等的设计来激发读者的想象力。本案例是一本小说，其装帧设计充分呼应了作品的主题。

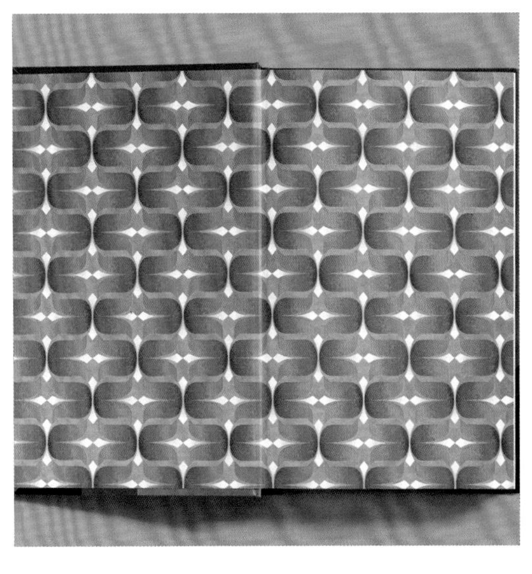

	CMYK	RGB		CMYK	RGB
	CMYK 72,5,56,0	RGB 46,182,144		CMYK 85,78,12,0	RGB 65,74,153
	CMYK 9,54,11,0	RGB 236,149,181		CMYK 69,75,66,31	RGB 84,62,65

○ 思路赏析

这本书籍的英文书名为*A Broken Mirror*，书中讲述了一个贵族家庭分裂的故事，其装帧设计很能吸引读者的眼球。护封、封面、书签、小册子的插图都是由色块拼接而成的，仿佛是不平整的镜子碎片，在这面支离破碎的“镜子”中，可以看到相互冲突的图形，插图的构思和寓意一目了然。

○ 配色赏析

封面插图运用了粉色、蓝色、绿色和黑色，由于色彩并不杂乱，所以插图看起来并不难识别。色彩对比鲜明，与图形搭配契合书籍要传达的寓意。作者名和书名都是黑色的，与蓝色、绿色的底色形成有彩色和无彩色的对比。配色设计无疑是有视觉冲击力的，也能够激发读者的想象力。

○ 设计赏析

书套、封面、书签、小册子的艺术表达保持了整体的统一性，材质、色彩以及插图的设计都建立在整体性原则的基础上，以保证各种元素都能表达书籍的思想情感，且信息的传达是统一的，装帧设计充分体现了书籍装帧的价值。

○ 环衬赏析

环衬使用了抽象的图形，色彩与封面相呼应，但与封面又有所不同，图形重复排列展示，能产生统一的视觉效果，也能强化读者的视知觉感受，环衬很好地实现了封面与正文的过渡。

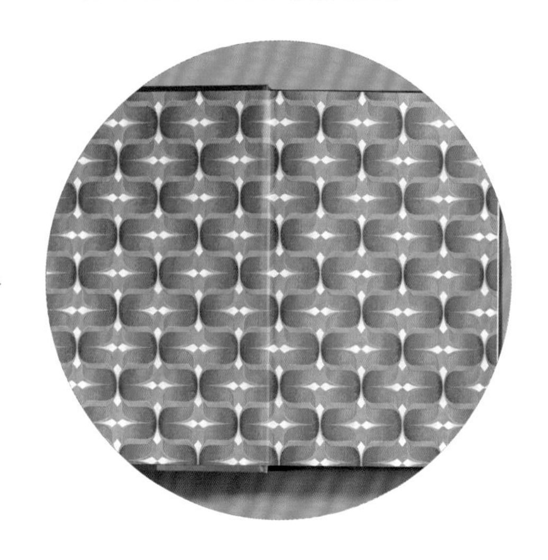

书签赏析

书签是书籍的可选部件，作为一种附属物品它可以提高读者的阅读体验，读者可以将其夹在书页中，以便于下次阅读时翻阅。书签上的插图与封面是协调统一的，一面为抽象的人像图形，一面为房子，书签的设计也能吸引读者关注。

其他欣赏

7.2 艺术设计类书籍

艺术设计类书籍可细分为绘画、摄影、书法和设计等多种类别，这类书籍要能体现出艺术价值，在设计时，多用内文中的代表图片或设计作品作为封面的主要插图，以反映书籍的特色或艺术特征。从开本尺寸来看，艺术设计类书籍多用大开本或者接近于正方形的开本，以便于更好地安排图文，内容上则以图文搭配或者以图为主。

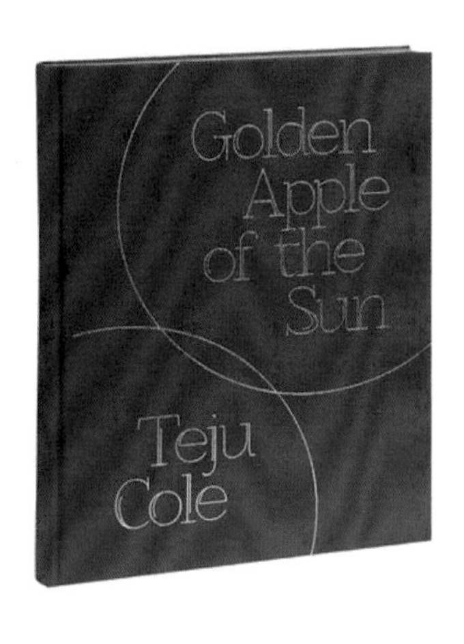

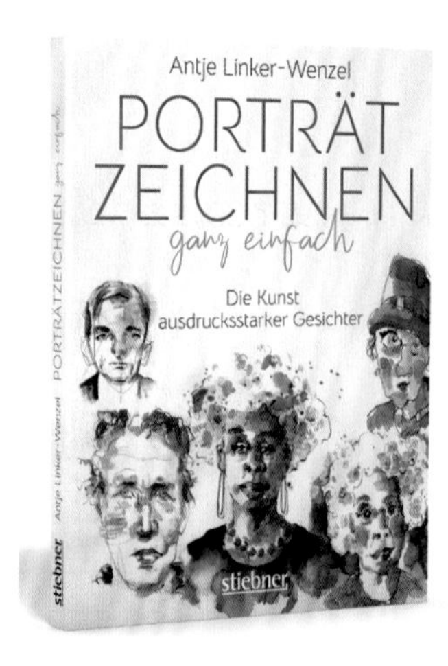

7.2.1 美术、摄影画册类书籍

美术、摄影画册类书籍的装帧设计应表现出艺术性，体现绘画或摄影作品的精髓。在封面设计上，通常直接展示作者的代表作，内容上以图为主。从装订形式来看，这类书籍多为精装书，能以180度角打开，便于摊开欣赏作品，也不会散页。内页一般会选择比较光滑、较硬的纸张，如铜版纸。印刷上要保证质量，确保绘画、摄影作品获得良好的展示效果。

	CMYK	RGB		CMYK	RGB
	CMYK 31,96,100,0	RGB 194,39,41		CMYK 9,8,13,0	RGB 237,234,235
	CMYK 11,4,27,0	RGB 232,167,165		CMYK 53,21,10,0	RGB 131,181,216

○ 思路赏析

这是一本狗狗摄影集，内容以图为主，收录了60多条不同品种狗狗的摄影作品。封面选用具有代表性的摄影作品，开本接近于正方形，更便于图片展示。

○ 配色赏析

封面是狗狗的摄影照片，背景是正红色，色彩很夺人眼球。字体用百搭的白色，在红色背景下也极易识别，内文的背景色彩是有变化的，不会让读者产生视觉疲劳。

○ 设计思考

美术、摄影画册的装帧设计是对绘画、摄影作品的一种包装，由于绘画、摄影作品本身就具有艺术价值，因此，此类书籍的封面一般都应直接展示作品。

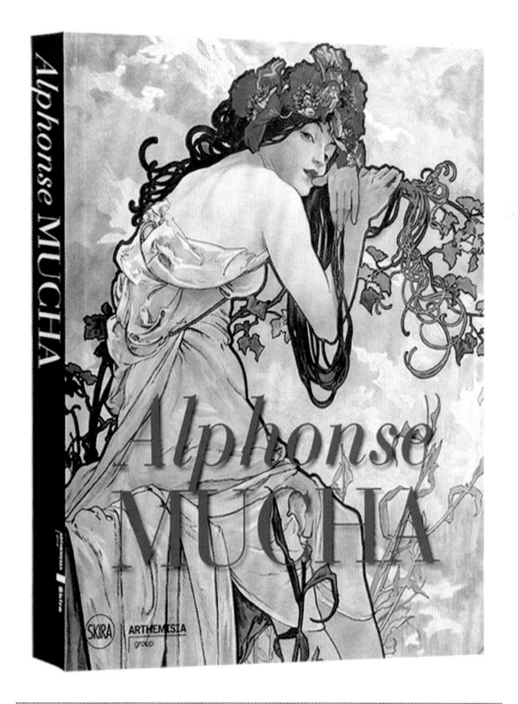

	CMYK 44,12,26,0	RGB 158,199,195
	CMYK 25,27,48,0	RGB 206,188,142
	CMYK 28,98,93,0	RGB 198,33,39
	CMYK 10,8,40,0	RGB 242,234,172

同类赏析

该书封面插图就是绘画作品。该封面设计具有十分浓烈的艺术气息，书籍采用精装装订方式，开本尺寸为1/16开本。

	CMYK 12,7,7,0	RGB 229,233,236
	CMYK 74,61,92,32	RGB 70,77,44
	CMYK 19,26,80,0	RGB 223,192,67
	CMYK 22,80,90,0	RGB 209,84,40

同类赏析

该书收录了全球37位壁画艺术家不同风格的壁画作品，封面的插图向读者展示了壁画艺术的表达形式，富含艺术感。

其他欣赏　其他欣赏　其他欣赏

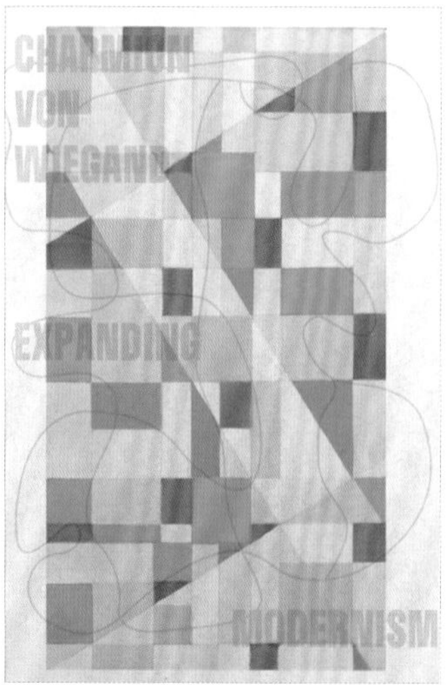

7.2.2 视觉设计类书籍

视觉设计的种类非常多，有平面设计、广告设计、包装设计、环境设计和企业形象设计等，视觉设计是以“视觉”来传达信息的。基于这一设计特征，这类书籍的整体设计也充分体现了视觉传达的魅力。装帧设计上既要符合审美性，又要具有实用性，有效而恰当地反映视觉设计类图书的内容与特色。

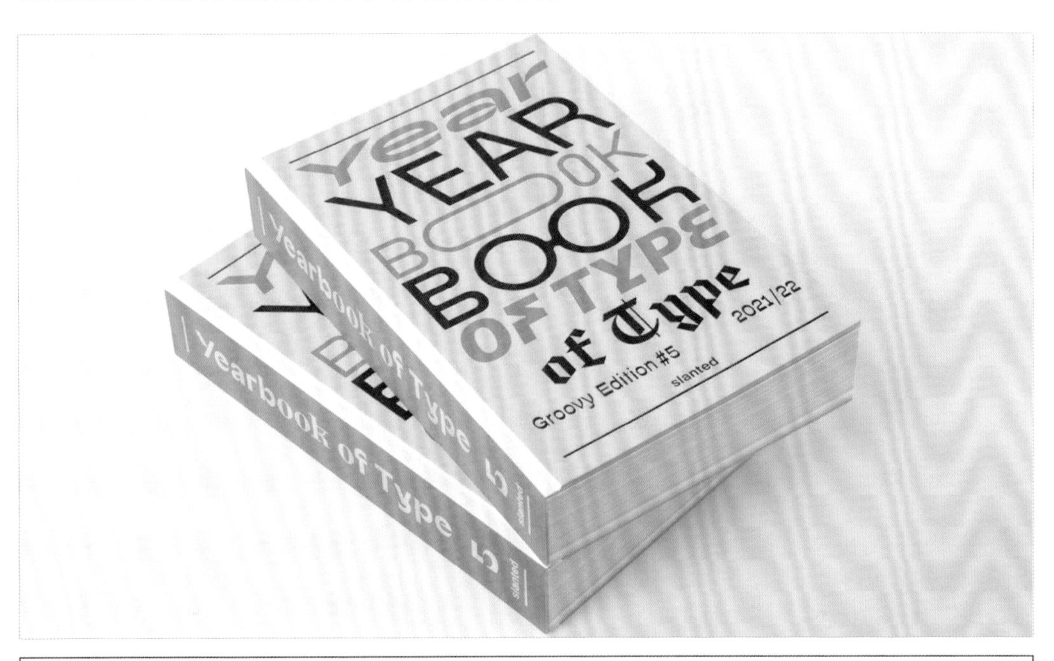

CMYK 7,17,88,0	RGB 252,218,0	CMYK 8,6,7,0	RGB 239,238,236
CMYK 77,23,29,0	RGB 5,159,183	CMYK 70,15,85,0	RGB 81,169,82

○ 思路赏析

从封面就可以看出这是一本字体设计书籍，书中介绍了各种各样的字体，看到封面就能够感受到字体的视觉语言。同时，也向读者展示了字体的美和特点。

○ 配色赏析

封面和书脊运用了邻近色搭配手法，橙黄色和草绿色带来了青春、活力之感。在视觉上，这样的色彩也能第一时间吸引读者的目光，书页边缘是渐变彩虹色，为书籍侧边增添了美感。

○ 设计思考

平面设计类书籍可以充分利用视觉传达原理，运用图形、字体、色彩等要素来传递信息，同时将设计上的美感呈现给读者，以吸引读者购买。

	CMYK 9,9,8,0	RGB 237,233,232
	CMYK 49,59,67,2	RGB 150,114,88
	CMYK 57,49,45,0	RGB 130,128,129
	CMYK 11,15,10,0	RGB 231,221,222

	CMYK 76,27,4,0	RGB 2,157,223
	CMYK 2,1,1,0	RGB 251,251,251
	CMYK 21,100,99,0	RGB 212,2,27
	CMYK 93,88,89,80	RGB 1,1,1

同类赏析

这是一本关于新地中海风的住宅和室内设计书籍。温暖、朴实的色调，自然的装饰材料，极简的设计，都凸显了地中海美学。

同类赏析

这是一本针对文本处理的排版设计参考书。在封面可以看到各类符号，红色成为版面中的点睛色，能让读者注意到其中的文字：有100多道练习题。

其他欣赏　**其他欣赏**　**其他欣赏**

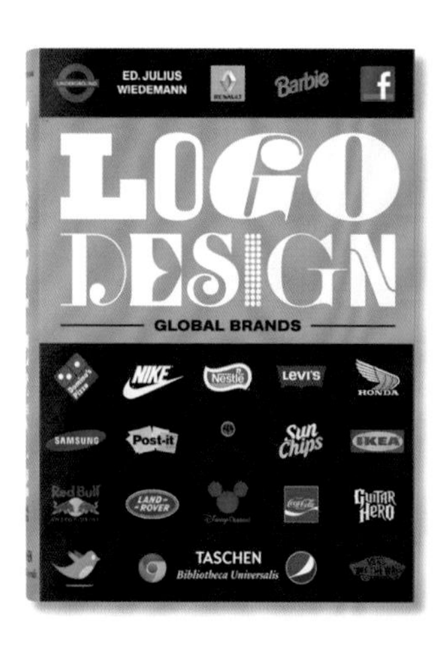

7.2.3 绘画、书法学习类书籍

从内容来看，绘画、书法学习类书籍偏向于知识、教程、技巧等的讲解，具有很强的实用性和可操作性。在装帧设计上，也可以体现书籍的这两大优势，明确学习的难易程度。另外，绘画和书法都有多种类型、风格，体现绘画类型、书法风格也是装帧设计的一种方法，以便于有绘画、书法学习需求的读者能明确图书的主要内容。

CMYK	RGB	CMYK	RGB
80,76,73,51	44,44,44	6,55,64,0	241,144,91
32,10,18,0	186,212,211	1,0,0,0	253,253,253

○ 思路赏析

该书介绍了手写字体和书法的要求以及创意可能性，内容通俗易懂，插图丰富，封面照片直观地表明了书籍的主题，也体现出手写字字形的优美。

○ 配色赏析

整体配色没有单调感，黑底白字、白底黑字能保证文本内容的识读性。封面插图的背景色是绿色，饱和度偏低，色感清新柔美又有清爽的感觉，封底的橙色同样吸睛养眼。

○ 设计思考

绘画、书法学习类书籍的封面、封底可以将作品成品图进行展示，好看的作品可以给读者以鼓舞，增强读者购买书籍的决心。

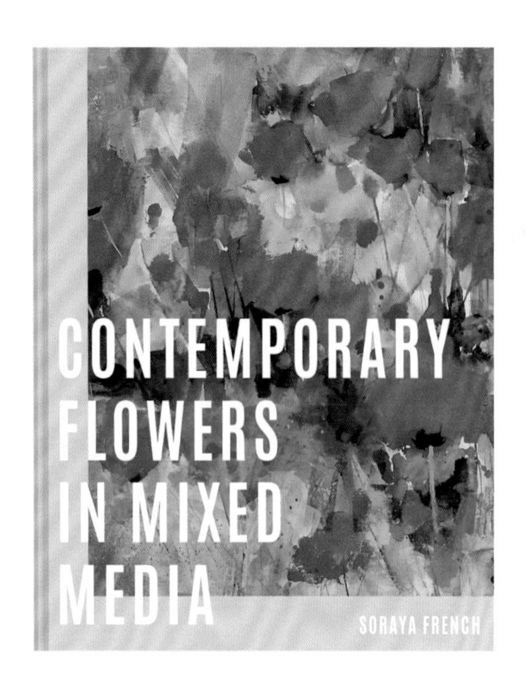

	CMYK	30,11,18,0	RGB	192,212,211
	CMYK	19,98,100,0	RGB	215,23,22
	CMYK	63,24,20,0	RGB	100,169,198
	CMYK	30,30,67,0	RGB	197,178,101

	CMYK	5,4,4,0	RGB	245,245,245
	CMYK	16,76,76,0	RGB	221,94,61
	CMYK	97,80,57,28	RGB	7,55,78
	CMYK	7,15,16,0	RGB	240,223,213

同类赏析

这是一本关于花卉的绘画指南用书，书中分享了很多关于花卉绘画的思路和方法，封面的花卉作品就像一块调色板，向读者展示了作者的绘画风格。

同类赏析

这是一本适合初学者的漫画学习书，封面的设计很直观，把绘制漫画的步骤分步进行展示，体现了书籍的内容特点。

其他欣赏

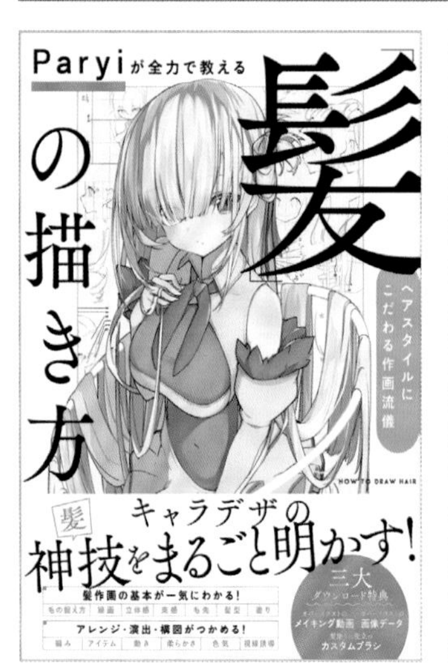

其他欣赏

其他欣赏

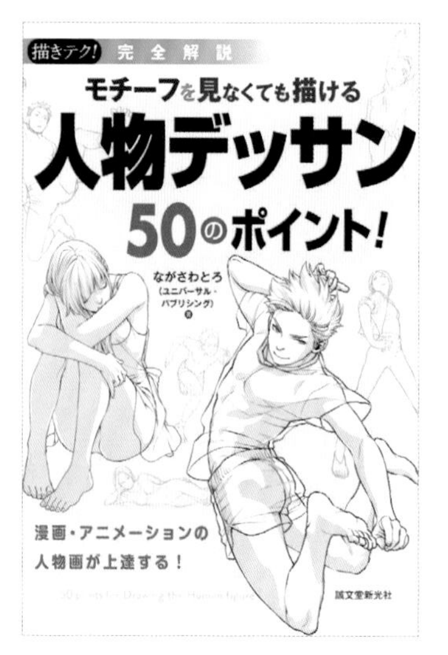

深度解析 平面几何图形设计类书籍

本案例是一本图形设计书籍，书名为*Geometry Now*《今日图形》。书籍的装帧设计具有设计类图书的显著特点，封面和内页的版面设计都具有很强的美感，设计上充分体现了“视觉”的价值。阅读本书，读者可以享受一场“视觉盛宴”。

	CMYK	9,8,4,0	RGB	235,234,239		CMYK	15,21,63,0	RGB	231,206,113
	CMYK	42,33,25,0	RGB	164,165,175		CMYK	72,12,19,0	RGB	41,177,191

思路赏析

全面梳理了几何图形这种视觉语言的发展、特点以及流变，解读图形设计背后的逻辑。该书籍采用精装线订装订方式，摊平度好，装帧美观，质量高。六色全彩印刷提升了图像的清晰度和分辨率，书籍中图像的色彩非常鲜明，大大提高了书籍阅读的视觉效果。

封面赏析

该封面应用了几何图形，有三角形、梯形等，几何图形作为一种视觉元素，当其集中呈现时，可给人一种简练、丰富的感受。腰封是几何图形与字母的结合，这里的几何图形是一种明确的视觉语言，左侧的圆圈代表了字母“O”，与字母N、W共同组合成了单词NOW，封面的设计既点名了书籍主题，又体现了几何图形的视觉特征。

环衬赏析

环衬连接封面和内页，起到了很好的过渡作用。单词“BAUHAUS”指包豪斯，原是1919年在德国魏玛成立的一所工艺美术学校名称，现今的包豪斯早已不单指学校，而是对一种流派、风格的统称。图中的Johannes-Itten、Paul-Klee，既是包豪斯的教师，也是时代的艺术先驱。

色彩赏析

从右图可以看出，书籍的色彩鲜艳饱满，复古而大胆。从印刷的色彩效果来看，采用六色印刷方式，图形的色彩非常鲜明清晰，让书籍获得了更加逼真的图像色彩。

○ 版式赏析

采用的是左文右图的排版方式，符合人们日常的阅读习惯。图像所占的版面面积较大，以保证图像质量，即使是较为复杂的图形，细节呈现也能清晰明确。除左文右图的版式外，内页还有上文下图、独幅展示、文字环绕图片等版式，版式上的变化能让阅读更有趣。

○ 其他欣赏 ○　○ 其他欣赏 ○　○ 其他欣赏 ○

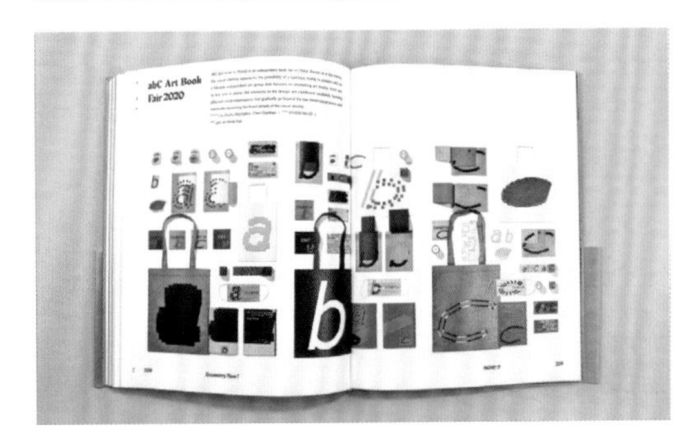

7.3 儿童类书籍装帧设计

儿童类书籍的装帧设计要充分考虑儿童的生理、心理和认知需求，从书籍形态、视觉、触觉上来增强儿童阅读的兴趣。儿童书籍有几个重要的特点，分别是互动性、益智性和趣味性，其装帧的表现形式有不规则开本、游戏设计、图文并茂、点读互动等，这些设计能增强儿童阅读的兴趣和参与性。

7.3.1 儿童绘本类书籍

儿童绘本的读者群主要是0~6岁的儿童，此年龄阶段的儿童很难理解深刻的内容，因此，需要将道理寓于故事、插图之中，让儿童有直观的认识。不同于成年人阅读的书籍，儿童绘本的文字很少，插图设计生动形象且具有连续性。单本的故事性绘本用纸一般较厚，多为精装，不容易撕坏，也更容易翻阅。同时，也可避免幼儿在翻阅时割伤自己。

CMYK	RGB	CMYK	RGB
34,20,95,0	193,191,12	18,98,100,0	218,18,20
4,28,89,0	254,198,1	66,32,11,0	94,156,205

○ 思路赏析

这是一本幼儿启蒙认知类绘本书籍，生动的彩色插图描绘了各种运输工具和车辆，上图展示的是农场里的各种拖拉机，左侧的卡片具有指引性，能引导儿童搜索并找到对应的车辆。

○ 配色赏析

插图的配色丰富多彩，有绿色、橙色、红色、蓝色等色彩，鲜艳的色彩搭配小熊、小猪、房子等插图，能使插图看起来更加活泼可爱，也能激发儿童看书的兴趣。

○ 设计思考

儿童类绘本的装帧设计要考虑儿童的认知方式和思维特点，书籍的插图和互动设计都要符合儿童的兴趣爱好。因此，可以借助触觉、听觉、视觉上的互动设计来增强阅读的趣味性。

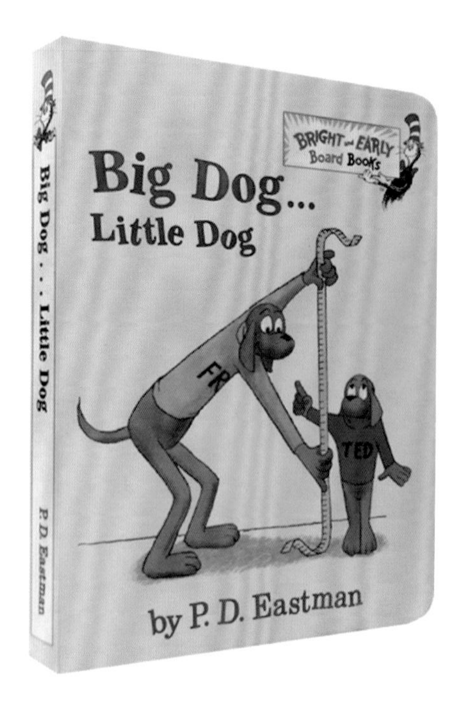

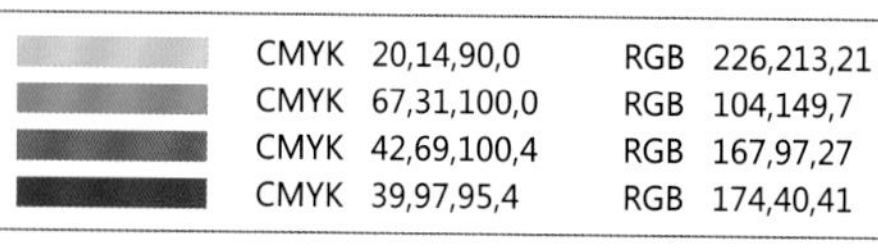

	CMYK	20,14,90,0	RGB	226,213,21
	CMYK	67,31,100,0	RGB	104,149,7
	CMYK	42,69,100,4	RGB	167,97,27
	CMYK	39,97,95,4	RGB	174,40,41

○ 同类赏析

这是一本精装的纸板书。书页选用结实耐用的厚纸板，能够完全摊开，且不容易撕坏。绘本讲述了关于友谊的故事，故事情节简单，适合儿童启蒙学习。

	CMYK	44,10,90,0	RGB	166,198,53
	CMYK	79,63,11,0	RGB	71,100,170
	CMYK	16,22,78,0	RGB	230,201,73
	CMYK	55,11,14,0	RGB	118,194,220

○ 同类赏析

这是一套适合儿童阅读的图画故事书，共有5册，分册为平装，外包装是礼盒，可以将书籍作为礼物送给孩子。

○ 其他欣赏 ○　　○ 其他欣赏 ○　　○ 其他欣赏 ○

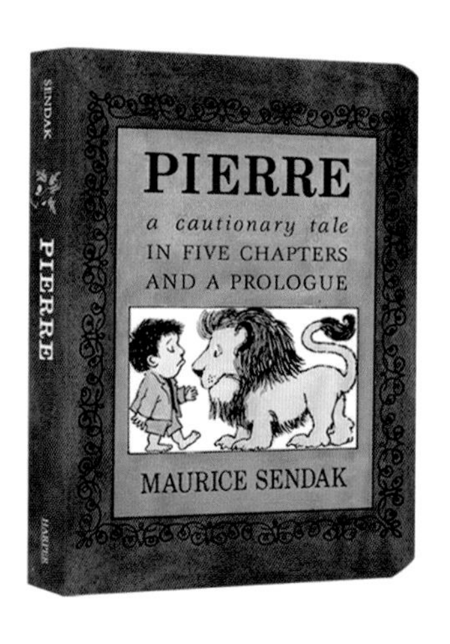

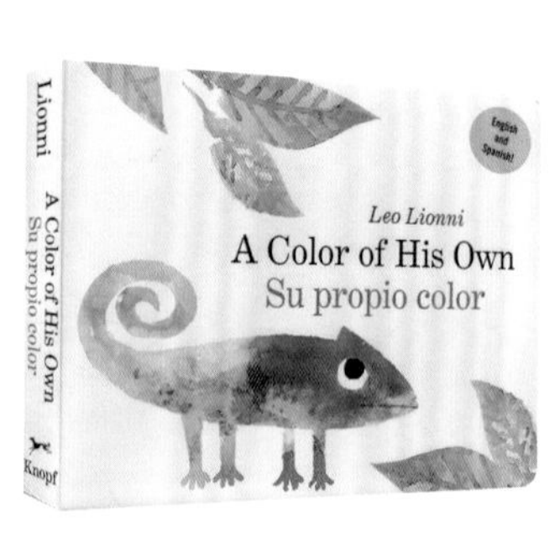

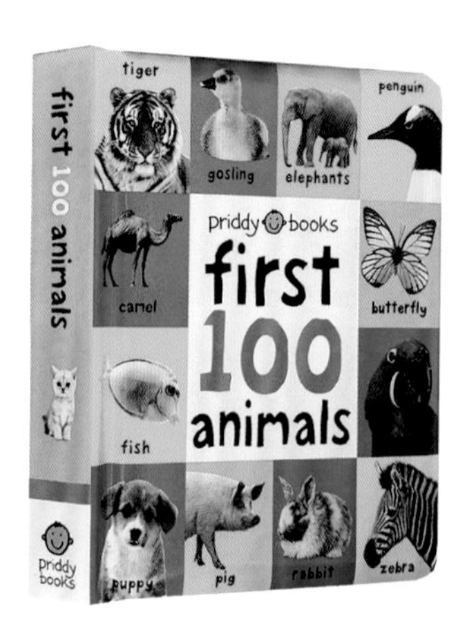

7.3.2 卡通漫画类书籍

因为卡通漫画多以幽默有趣的风格来讲述故事，所以深受青少年读者的喜欢。卡通漫画类书籍的装帧设计要体现动漫的艺术特征，造型幽默夸张、色彩表现丰富是其主要的特点，当然也有黑、白色的漫画。漫画故事书的设计是具有连续性的，以保证读者阅读的连贯性。在印刷上，应确保字迹清晰，色彩准确，这样才能给读者带来良好的阅读体验。

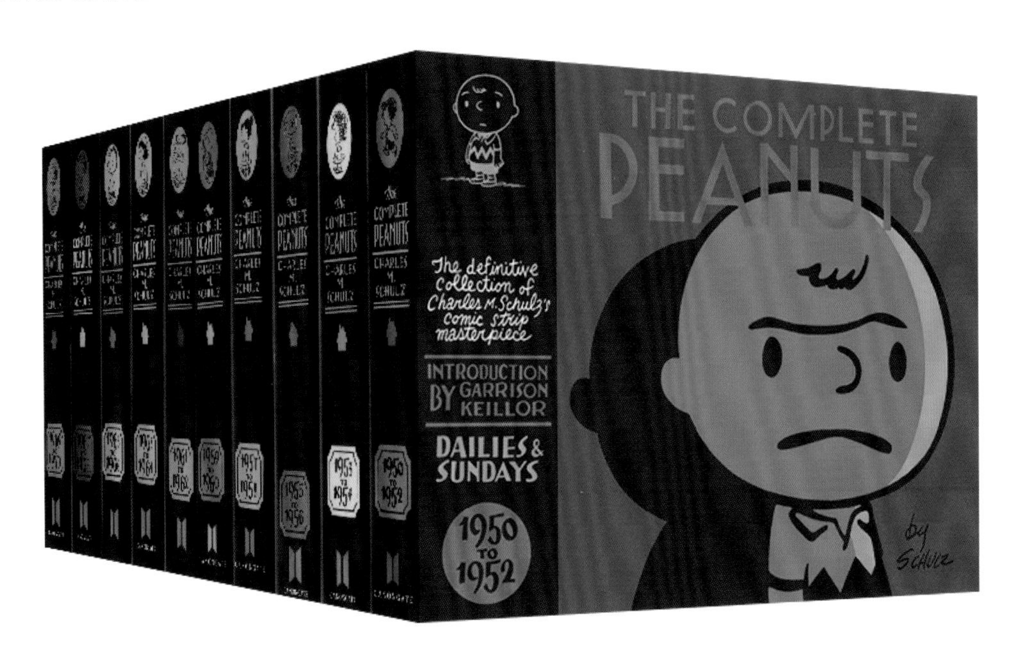

CMYK 42,95,100,9	RGB 163,41,30		CMYK 68,58,49,2	RGB 104,107,116
CMYK 81,80,77,61	RGB 35,31,32		CMYK 51,68,73,9	RGB 141,93,73

思路赏析

该套书囊括了史努比连载漫画的完整内容，按照年份的编排分册。大开本尺寸能给读者带来良好的阅读体验，单册封面保持构图一致，但图形不同，书脊采用构图一致但色彩不同的设计原则。

配色赏析

整套漫画的色调风格是统一的，以将漫画完整、协调地展现给读者。第一部封面以红色为底色，插图是黑、白、灰色，文字为棕色和白色，其他单册封面分别变换了底色和文字色彩。

设计思考

对于连载漫画而言，要将书刊看作是系列书来设计，设计构思要遵循系统化、一体化的原则，使书籍的装帧设计更具统一性。

	CMYK	57,42,27,0	RGB	79,122,139
	CMYK	5,82,98,0	RGB	240,80,6
	CMYK	7,7,81,0	RGB	255,235,52
	CMYK	4,3,3,0	RGB	247,247,247

	CMYK	51,88,44,1	RGB	151,60,103
	CMYK	78,81,57,27	RGB	69,56,76
	CMYK	58,56,43,0	RGB	129,117,127
	CMYK	56,80,67,19	RGB	121,66,69

同类赏析

这是一本适合7~12岁儿童阅读的幽默漫画书，书籍以图文并茂的形式展现了少年儿童的生活，封面设计也幽默诙谐，看起来很有趣。

同类赏析

该套书采用精美套装装帧设计方式，共包含8本，内文为全彩印刷，以漫画形式呈现内容。护封的插图充满奇幻感，极富想象力。

其他欣赏 **其他欣赏** **其他欣赏**

7.3.3 青少年读物类书籍

青少年读物与针对成年人的书籍有一定的不同，以文学类书籍为例，很多文学作品是极难阅读的，这时就要从装帧设计入手，让书籍能够激发青少年读者深入阅读的兴趣，同时也要适合青少年阅读。从装帧设计来看，青少年读物可以以图文搭配的方式来设计封面或内文，难懂的内容可以通过改写、批注、导读、内容梳理等方式，帮助青少年理解和阅读。

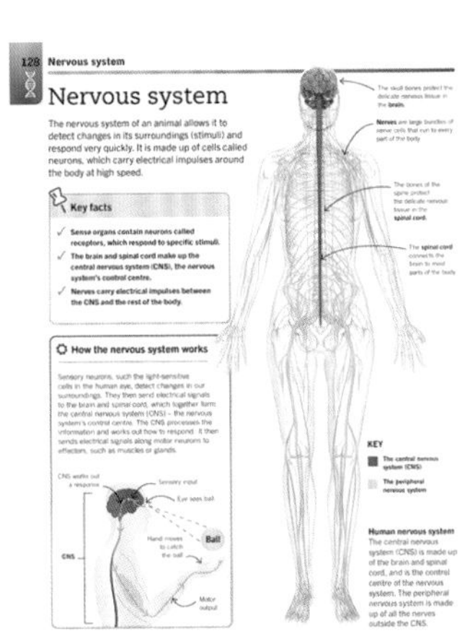

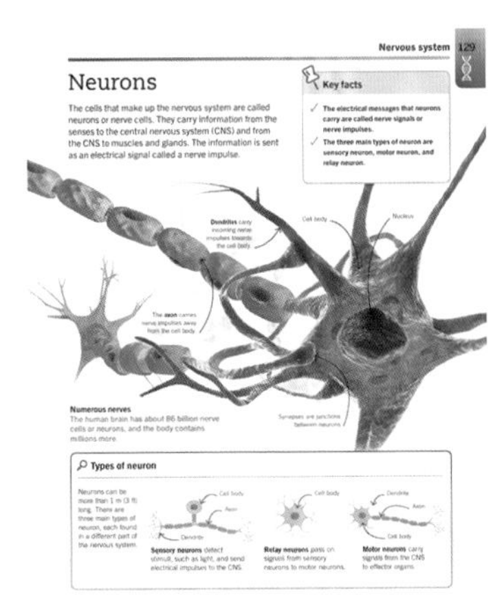

CMYK 40,9,95,0	RGB 164,101,102	CMYK 0,0,0,0	RGB 255,255,255
CMYK 6,14,88,0	RGB 255,223,1	CMYK 79,20,94,0	RGB 32,156,68

○ 思路赏析

这是一本适合青少年阅读的*Super Simple Biology*《简易生物学》，封面设计呼应了书籍主题。内文中，每个概念都以可视化的形式展示，图解的说明方式让科学知识更加生动有趣，也更易于理解。

○ 配色赏析

封面被一分为二，分别运用绿色和黄色两种色彩，配合图形更生动地体现了“生物学”这一主题。整体色调亮丽和谐，能够激发青少年读者阅读的欲望。

○ 设计思考

针对青少年的书籍，其装帧设计在体现内容的同时，也要考虑青少年的喜好和阅读习惯。封面信息的传达要简洁准确，版式设计上应确保内容易于阅读，以将青少年带入轻松的阅读环境中。

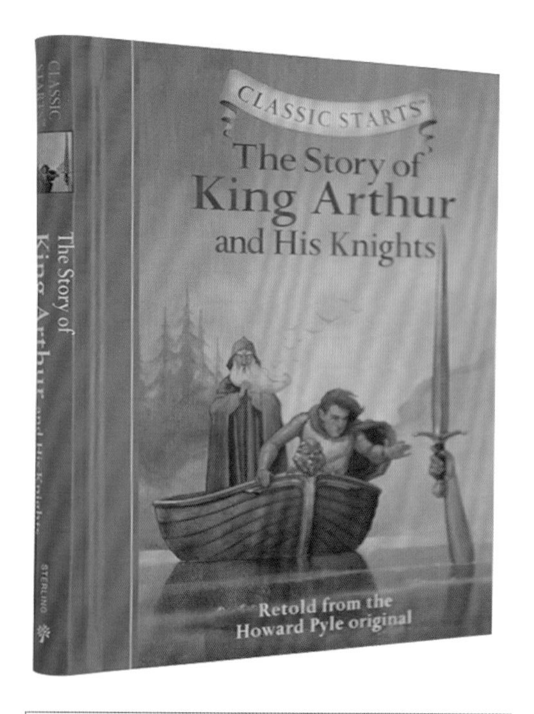

	CMYK	RGB
	74,48,41,0	79,122,139
	37,31,49,0	178,172,136
	29,72,75,0	196,101,69
	72,49,12,0	87,126,183

同类赏析

该*The Story of King Arthur and His Knights*是经典名著的改写版，其用词通俗易懂，排版上加大了字体，内页穿插有插图，对中小学生来说很友好。

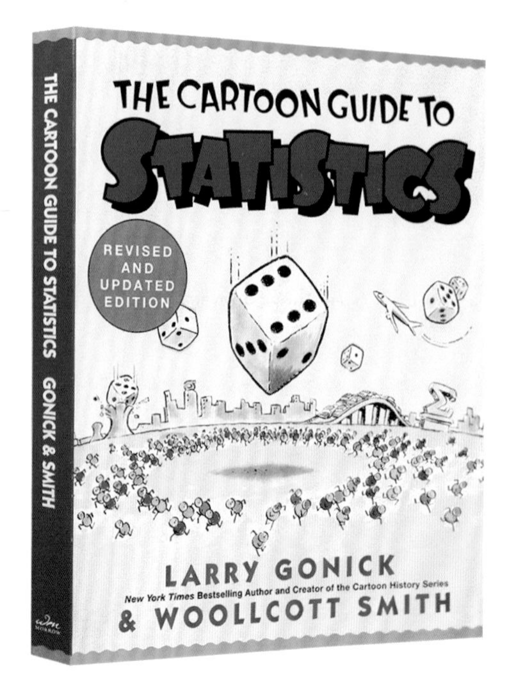

	CMYK	RGB
	16,4,0,0	221,238,255
	14,2,62,0	238,238,119
	53,100,73,28	119,17,51
	80,72,43,4	75,82,115

同类赏析

作为一本学生兴趣读物，内容的设计很有趣味性，以漫画的形式来讲解统计学知识，语言简单易懂，封面的设计也浅显有趣。

其他欣赏　**其他欣赏**　**其他欣赏**

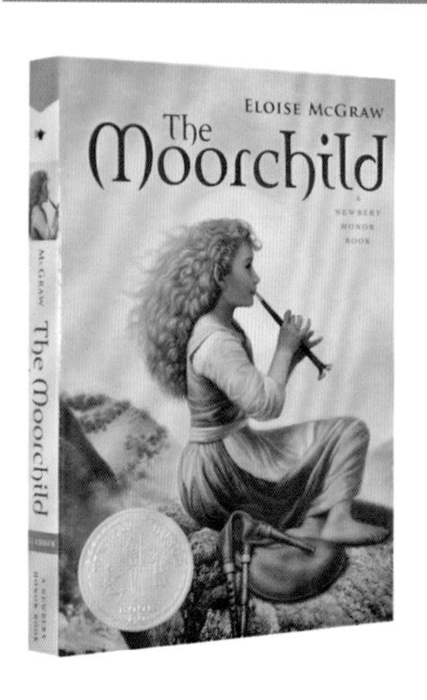

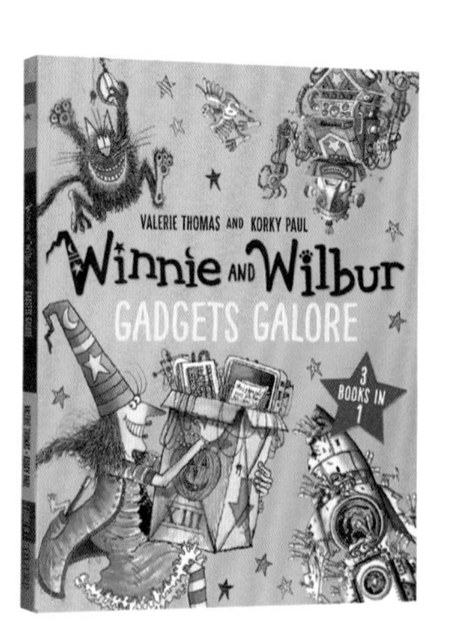

深度解析 儿童故事互动类图书

有趣味性、互动性的书籍更能吸引儿童的注意力。本案例就是一本具有互动参与性的书籍，书籍的装帧设计充满了无限的童趣，符合儿童的天性，不仅能满足儿童阅读的基本需求，还能调动儿童的阅读积极性，让儿童在轻松的氛围中提升辨别力、逻辑力，丰富儿童的阅读体验。

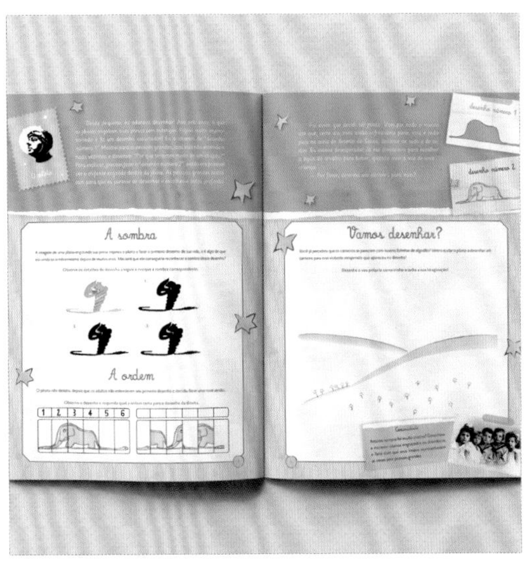

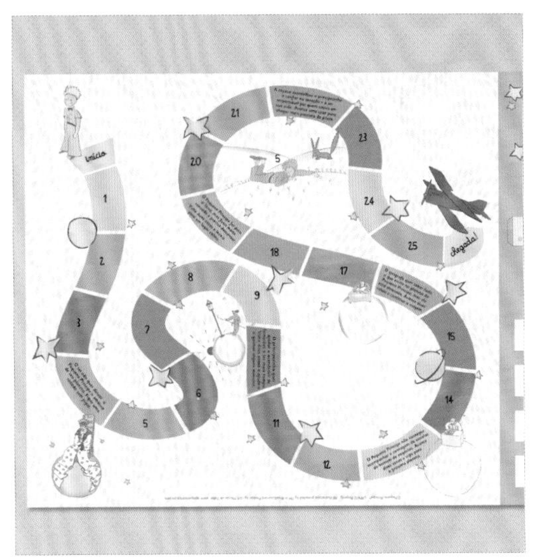

CMYK	9,8,4,0	RGB	235,234,239	CMYK 15,21,63,0	RGB 231,206,113
CMYK	42,33,25,0	RGB	164,165,175	CMYK 72,12,19,0	RGB 41,177,191

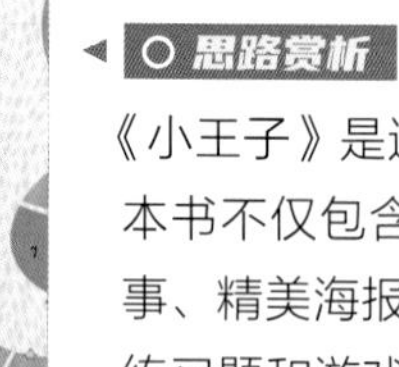

思路赏析

《小王子》是适合儿童阅读的经典文学作品。这本书不仅包含了正文内容，还有关于作者的趣事、精美海报以及游戏和练习题，所有的插图、练习题和游戏都围绕《小王子》的故事来设计，能够让小读者在阅读中体验阅读乐趣。

封面赏析

《小王子》讲述了一位小王子在从自己星球出发前往地球的过程中的各种历险。封面的插图传递出小王子的信息，一个有着金色头发的梦幻男孩。封面文字是较为活泼可爱的字体，笔画灵动调皮，看起来颇有趣味，插图和文字都能在视觉上激发儿童的阅读兴趣。

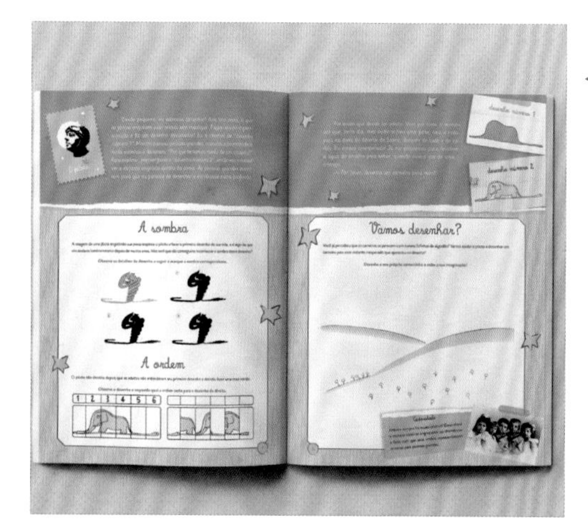

版式赏析

运用比例分割来划分版面，使内容更加层次分明。从左图可以看出，内文的版面按照1 ：2的比例分割为两部分，顶部的1/3是适合儿童阅读的小王子的故事，中间的2/3是基于故事设计的游戏和练习，底部还有关于作者Antoine de Saint-Exupéry的趣事。

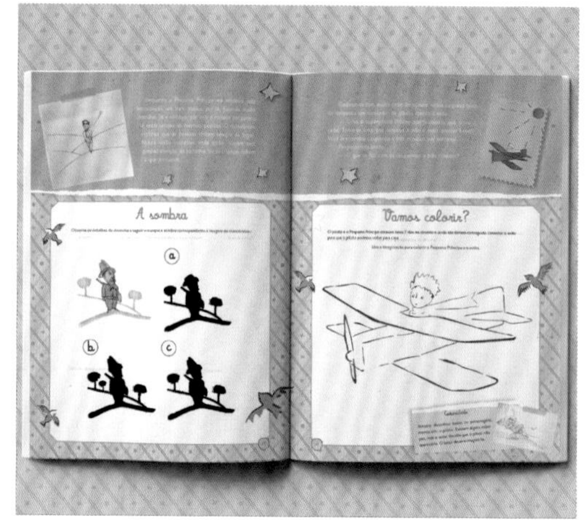

色彩赏析

根据儿童的审美标准来设计色彩，每一页都是彩色的，色彩是积极活泼的，没有使用暗淡、消极的色彩。内文运用了色彩来划分版面，色彩不一样，提高了页面阅读的易读性以及便捷性。

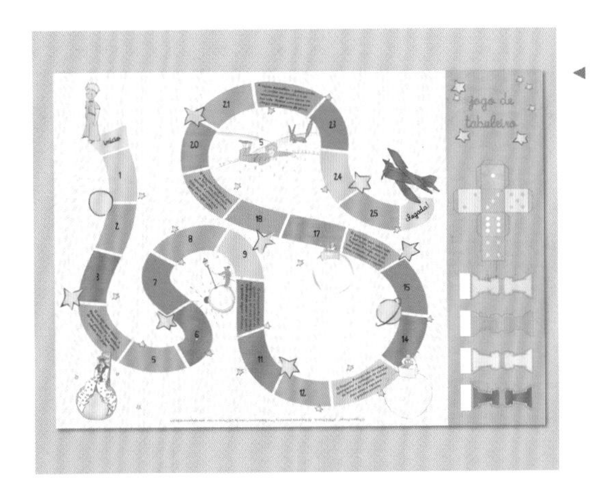

设计赏析

这是书籍中搭配的游戏板，可以切割和组装，用于游戏互动。游戏也很适合儿童，是简单的掷骰子走地图的卡通游戏，地图上的插图也与《小王子》的故事相关，在玩游戏的过程中儿童也能体验到小王子的历险经历，比如遇到天文学家、灯夫、狐狸和飞行员等。

其他欣赏 **其他欣赏** **其他欣赏**

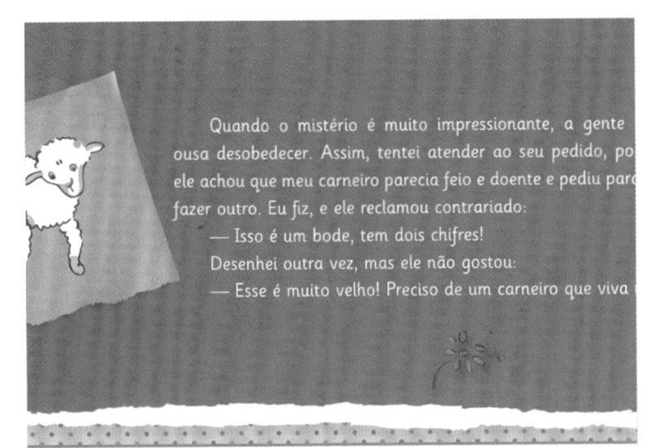

Quebra-cabeça

O piloto conseguiu, finalmente, entender o que o Pequeno Príncipe queria e desenhou um carneiro do jeito qu imaginava.

Descubra qual das peças a seguir completa o quebra-cabeças.

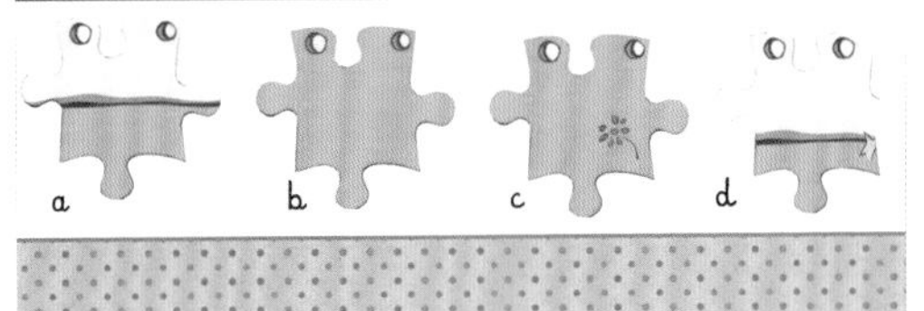

7.4 其他类型书刊装帧设计

前面我们介绍了文学类、艺术类、儿童类书籍的装帧设计案例，除以上几种类型外，书籍的类型还有很多。下面具体以学习类工具书、经管营销类、人文社科类和杂志期刊的装帧设计案例为例，看看这几类书籍的装帧设计特点。

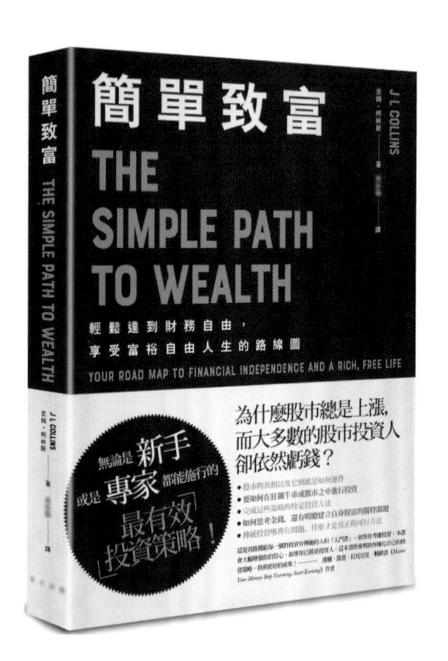

7.4.1 学习类工具书

学习类工具书的装帧设计要更充分考虑读者对象，同时要体现工具书的专业性和权威性。例如针对小学生的字典，其收录的字、词都要满足小学生查阅、学习的需求，封面、内页的纸张材质都要考虑小学生群体的特殊性，最好选择不易磨损、撕碎的封皮和内页纸张，这样可以提高工具书的耐用程度，内容的编排应科学、功能化，保证字词检索的便捷性。

CMYK 72,13,42,0	RGB 50,174,166		CMYK 12,18,86,0	RGB 242,212,38
CMYK 40,9,92,0	RGB 177,203,41		CMYK 47,7,37,0	RGB 148,202,178

○ 思路赏析

这些卡片是针对低幼儿童的英语单词学习卡，卡片的四角都采用圆角设计，不伤儿童的手，外包装就是一个收纳盒，更方便整理。卡片的内容是狮子、狐狸等动物，很适合低幼儿童认知学习。

○ 配色赏析

外包装和卡片的色彩都是儿童所喜爱的，色彩的饱和度较低，但明度较高，看起来清新柔美，也很有活力。

○ 设计思考

教辅工具书的装帧设计与一般图书有一定的共通点，但教辅工具书的装帧设计要更注重针对性、功能性和实用性，以更好地满足读者学习的需要。

	CMYK 68,0,89,0	RGB 74,189,74
	CMYK 11,2,82,0	RGB 247,239,51
	CMYK 8,6,7,0	RGB 238,239,238
	CMYK 11,86,81,0	RGB 230,69,50

	CMYK 98,100,57,11	RGB 35,22,92
	CMYK 27,100,93,0	RGB 200,0,37
	CMYK 4,31,88,0	RGB 253,192,23
	CMYK 0,0,0,0	RGB 255,255,255

○ 同类赏析

这是一本意大利语、英语双语词汇学习词典，封面以文字为主，简洁精练，书脊突出“Italian”，让读者明确词典的语种。

○ 同类赏析

这本词典为大开本精装版，是权威的大型单卷本英语词典，从书脊就可以看出书芯的厚度。词条一律按字母顺序排列，检索极为方便。

○ 其他欣赏 ○　**○ 其他欣赏 ○**　**○ 其他欣赏 ○**

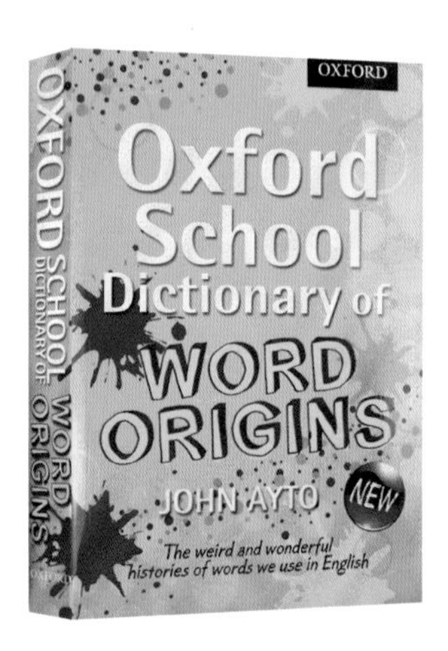

7.4.2 经管营销类书籍

经管营销类书籍的装帧设计既要体现内容，又要具有一定的美感。从装帧风格来看，经管营销类书籍多采用简约化的设计方式，侧重于能够简单快速传递信息的表现方式。部分书籍的封面为纯文字型版面。为了更好地宣传书籍内容，有时还会设计腰封，印上与书籍相关的宣传、推介性文字。

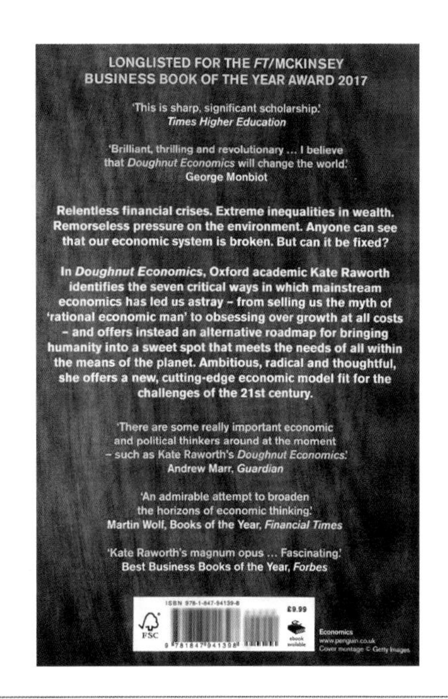

	CMYK 80,74,56,20	RGB 66,69,86		CMYK 33,33,94,0	RGB 192,170,35
	CMYK 6,6,5,0	RGB 242,240,241		CMYK 85,87,71,61	RGB 31,23,34

○ 思路赏析

该封面有一个“甜甜圈”，对应书名*Doughnut Economics*《甜甜圈经济学》，封底有书籍介绍和评价描述，这是畅销书常用的封底设计方式，能够体现书籍的受欢迎度和含金量。

○ 配色赏析

封面和封底都采用了粉笔画艺术风格，配色比较简洁，主要色彩有3种，分别是浅黑色、白色和黄色，给人一种干净利落的视觉美感。

○ 设计思考

出于营销的需要，金融类的畅销书可以在封面或封底体现书籍的受欢迎程度，以吸引读者购买，如排行榜前几、销量达多少、获得了什么奖项、某某推荐等。

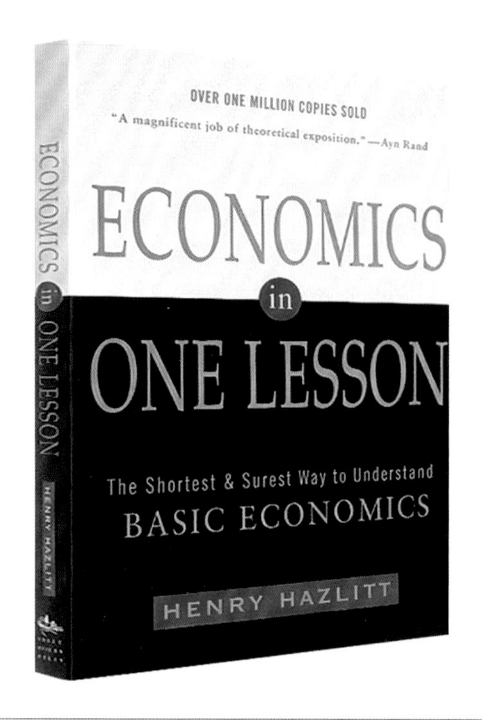

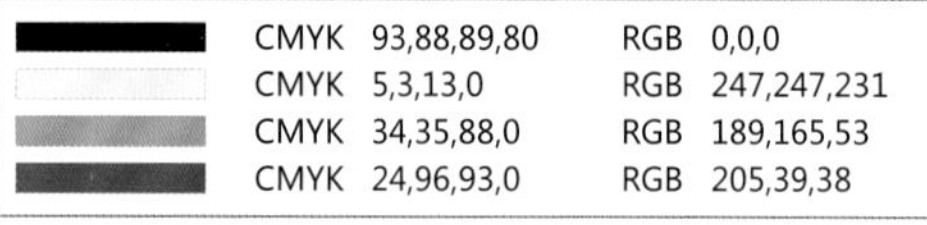

	CMYK	RGB
	93,88,89,80	0,0,0
	5,3,13,0	247,247,231
	34,35,88,0	189,165,53
	24,96,93,0	205,39,38

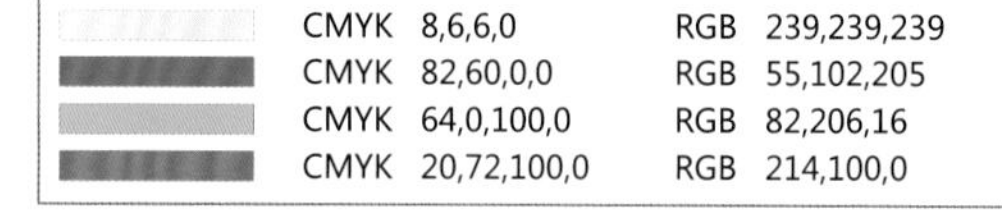

	CMYK	RGB
	8,6,6,0	239,239,239
	82,60,0,0	55,102,205
	64,0,100,0	82,206,16
	20,72,100,0	214,100,0

○ 同类赏析

*Economics in One Lesson*是一本经济学入门读物，书名的设计简明清楚，书脊也没有过多的图形装饰，仅突出了书名。

○ 同类赏析

*How Business Works*讲解了业务、财务和公司管理背后的关键概念，简洁直观的图解是该书籍的显著特点，封面和书脊设计都体现了这一点。

○ 其他欣赏 ○　　○ 其他欣赏 ○　　○ 其他欣赏 ○

7.4.3 人文社科类书籍

人文社科类书籍主要包括人文科学和社会科学两大类，书籍涉及人文历史、社会科学、哲学和传记等多种类别。人文社科类书籍的装帧设计通常要体现出一种精神、文化或价值观念。为了更好地适应新时代读者的审美需求，人文社科类书籍的装帧设计要与时代和现实需求接轨，表现形式可以风格多变，让书籍从装帧设计上就赢得读者的青睐。

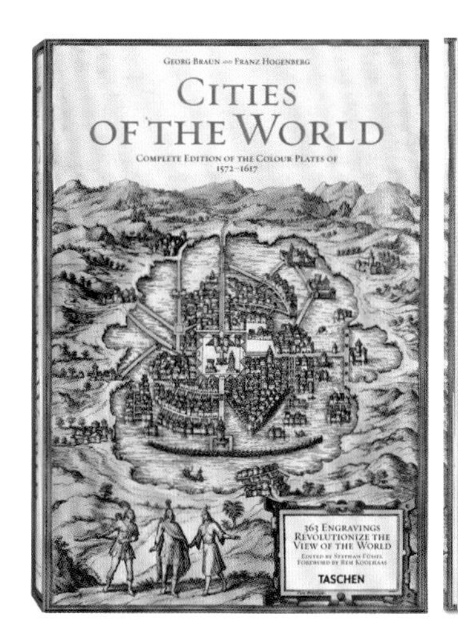

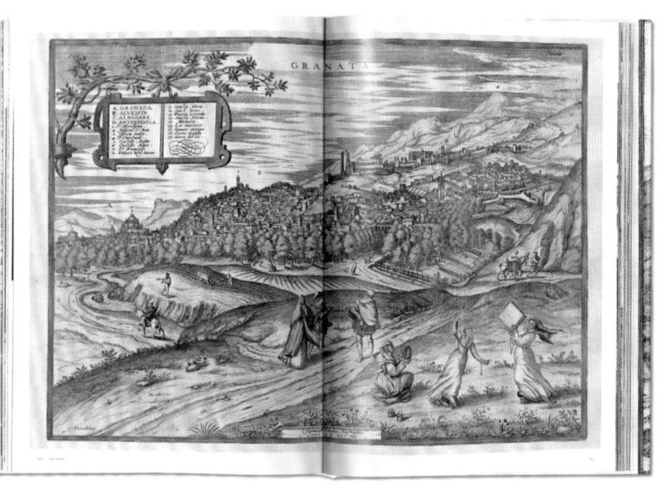

	CMYK 22,6,11,0	RGB 209,227,228		CMYK 38,75,98,2	RGB 177,80,37
	CMYK 29,21,65,0	RGB 200,194,110		CMYK 17,70,63,0	RGB 219,107,85

○ 思路赏析

这本高品质的再版书籍汇集了欧洲所有主要城市以及亚洲、非洲和拉丁美洲重要城市中心的平面图、鸟瞰图和地图，精美的装帧赋予了书籍极强的复古韵味，也让书籍更加生动迷人。

○ 配色赏析

封面色彩的饱和度较低，色彩搭配细腻，明暗过渡自然，整体配色协调，使封面呈现出一种神秘的朦胧美感。

○ 设计思考

人文社科类书籍可能会多次再版，再版书的装帧设计不应一成不变，而应根据需要对封面或内容进行更新，以满足当代读者的需求。

	CMYK	RGB
	CMYK 88,83,81,70	RGB 17,18,20
	CMYK 19,15,67,0	RGB 223,212,106
	CMYK 4,92,95,0	RGB 241,45,21
	CMYK 0,0,0,0	RGB 255,255,255

	CMYK	RGB
	CMYK 60,41,39,0	RGB 120,139,146
	CMYK 37,18,23,0	RGB 174,194,195
	CMYK 1,3,14,0	RGB 255,250,228
	CMYK 27,71,63,0	RGB 199,109,87

同类赏析

*The Concise Mastery*介绍了如何按照自己的规则生活以及如何追求事业成功，封面用抽象的三角形来比喻进入高层的道路。

同类赏析

该书作者是世界鸟类专家，因此在书中分享了来自世界各地鸟类的故事。在封面上就可以看到一只鸟，能够吸引自然爱好者的目光。

其他欣赏　**其他欣赏**　**其他欣赏**

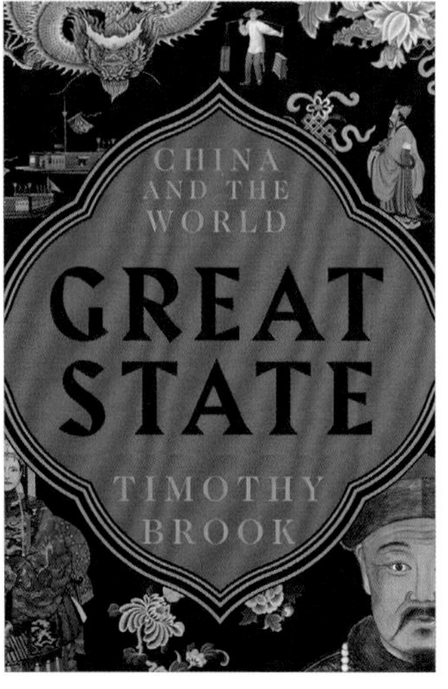

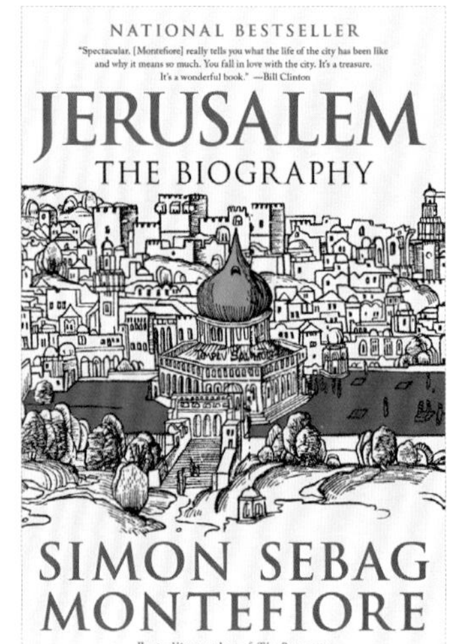

7.4.4 杂志期刊类

杂志期刊与其他书籍不同，具有定期、连续发行的特征。现如今，杂志期刊也有很广泛的读者。不同类型的杂志有着不同的阅读人群，如时尚杂志的读者一般在21~30岁，这类读者偏好于潮流、服饰、明星等方面的内容，财经杂志的读者则主要集中于商务人士。杂志期刊的装帧设计要充分考虑读者群体以及主题，同时也要有自己的特性，通过连贯的装帧设计来强化读者的印象。

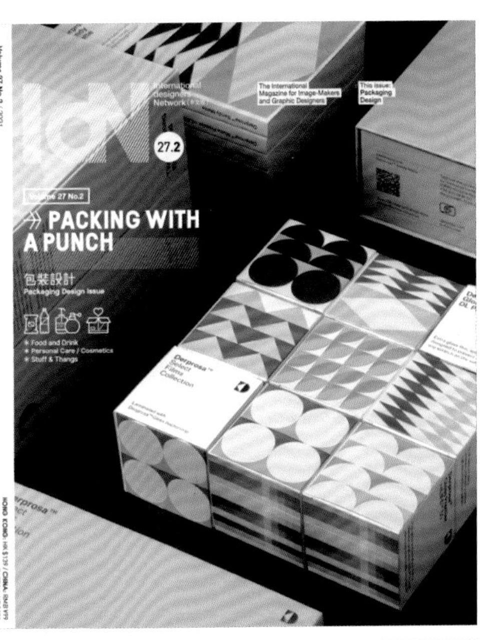

CMYK 28,22,17,0	RGB 195,194,200		CMYK 10,40,87,0	RGB 239,172,39
CMYK 43,76,14,0	RGB 168,88,151		CMYK 65,5,77,0	RGB 92,186,98

○ 思路赏析

IdN是一本设计类的杂志，上图展示的是2021年第2期的封面，主题是“包装设计”，视觉设计是吸引人的，封面直观地展示了包装设计案例。

○ 配色赏析

封面以无彩色为背景，以突出包装的色彩；封底采用鲜明的色块，给人一种活跃、运动的视觉感受，配色上传递的信号是强烈的。

○ 设计思考

杂志、期刊每一期的主题是不同的，但装帧设计应遵循整体统一的原则，让每一期的主题契合杂志、期刊总体的设计风格。

	CMYK	RGB
	CMYK 62,9,32,0	RGB 100,189,187
	CMYK 82,54,15,0	RGB 48,112,173
	CMYK 49,17,89,0	RGB 153,183,59
	CMYK 9,24,84,0	RGB 246,204,44

○ 同类赏析

这是一本适合青少年读者阅读的地理杂志。这一期的主题是海洋动物，从封面可以找到海豚、珊瑚等，封面设计可以激发读者阅读的兴趣。

	CMYK	RGB
	CMYK 29,22,21,0	RGB 192,192,192
	CMYK 12,9,9,0	RGB 229,229,229
	CMYK 22,17,16,0	RGB 207,207,207
	CMYK 48,46,51,0	RGB 151,138,122

○ 同类赏析

这是一本食品纪实杂志。这一期的主题是“egg”（鸡蛋），杂志封面以鸡蛋作为主体视觉元素，充分体现了当期主题。

○ 其他欣赏 ○

○ 其他欣赏 ○

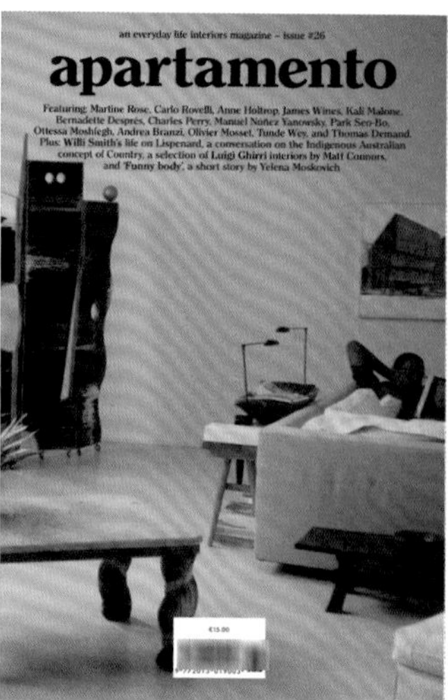

○ 其他欣赏 ○

深度解析 健康饮食类杂志

杂志、期刊的装帧设计要遵循整体性原则。本案例是一本健康食品杂志，封面设计充分体现了整体性原则，每一期的设计延续了杂志的整体风格，在视觉上给人一种协调统一的感受，并强化了品牌意识。

Nourish杂志每一期的主题都与健康、美食有关。下图展示了特刊62~67期的封面设计效果，可以看出封面的设计具有很强的品牌特性，每一期的版面设计还有一定的相互关联性。

CMYK 72,5,56,0	RGB 46,182,144	CMYK 43,84,5,0	RGB 172,67,152
CMYK 9,54,11,0	RGB 236,149,181	CMYK 69,75,66,31	RGB 84,62,65

○ 思路赏析

《Nourish》杂志定位于美食、健康，每一期的封面都将美食作为主体呈现。美食是诱人可口的，能够刺激读者的食欲。从62~67期的封面效果可以看出，每一期的主题与整体的设计原则都有关联性和延续性。因此，给读者留下的视觉印象也是统一的。

○ 配色赏析

这是62期的封面。该封面大量使用了橙色、粉色等偏暖的色彩。暖色更能激发食欲，也能使美食看起来更可口。饮品本身的色彩也是偏暖色的，背景色用稍浅的橙色，使画面给人的总体色彩印象是和谐、温暖的，协调统一的配色也能营造悦目、清爽的视觉效果。

○ 结构赏析

这是64期的封面。该封面采用中心式构图方式，将美食放置在版面的中心，文字则围绕美食进行排版，杂志名“Nourish”固定在封面的顶部，且每一期都保持了统一性，版面设计的主体突出、明确，画面具有平衡感。

○ 结构赏析

这是第63期的封面，其采用重心式布局方式，将美食放在版面偏左的位置，使视觉重心向左侧偏移。从第62~67期的封面可以看出，杂志的整体风格具有统一性，但是版面设计仍然有变化，避免了呆板感。

配色赏析

左图是65期的封面，其整体是黑、白、灰色调，给人一种很简洁的感觉，配色契合主题“30+素食主义者食谱”。除杂志名外，其他文字都是白色的，为了避免单调感，部分设置了黑色底纹，黑色与美食中点缀的材料色调相近，不会干扰主体，同时还具有装饰画面的作用。

其他欣赏　**其他欣赏**　**其他欣赏**

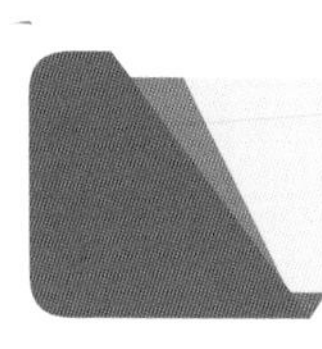

色彩搭配速查

色彩搭配是指对色彩进行选择组合后以取得需要的视觉效果，搭配时要遵守“总体协调，局部对比”的原则。本书最后列举一些常见的色彩搭配，供读者参考使用。

柔和、淡雅

CMYK 4,0,28,0 CMYK 23,0,7,0 CMYK 0,29,14,0	CMYK 0,29,14,0 CMYK 7,0,49,0 CMYK 24,21,0,0
CMYK 45,9,23,0 CMYK 0,28,41,0 CMYK 0,29,14,0	CMYK 0,52,58,0 CMYK 0,74,49,0 CMYK 0,29,14,0
CMYK 0,29,14,0 CMYK 0,0,0,0 CMYK 46,6,50,0	CMYK 0,28,41,0 CMYK 4,0,28,0 CMYK 45,9,23,0
CMYK 56,5,0,0 CMYK 0,0,0,0 CMYK 23,0,7,0	CMYK 24,0,31,0 CMYK 45,9,23,0 CMYK 4,0,28,0

温馨、清爽

CMYK 0,28,41,0 CMYK 27,0,51,0 CMYK 23,18,17,0	CMYK 0,29,14,0 CMYK 24,21,0,0 CMYK 24,0,31,0
CMYK 23,0,7,0 CMYK 23,18,17,0 CMYK 27,0,51,0	CMYK 24,21,0,0 CMYK 0,29,14,0 CMYK 23,0,7,0
CMYK 27,0,51,0 CMYK 0,0,0,0 CMYK 43,12,0,0	CMYK 24,0,31,0 CMYK 0,0,0,0 CMYK 59,0,28,0
CMYK 24,21,0,0 CMYK 0,0,0,0 CMYK 43,12,0,0	CMYK 45,9,23,0 CMYK 0,0,0,0 CMYK 27,0,51,0

可爱、快乐

CMYK 59,0,28,0 CMYK 29,0,69,0 CMYK 1,53,0,0	CMYK 0,54,29,0 CMYK 0,0,0,0 CMYK 0,28,41,0
CMYK 48,3,91,0 CMYK 0,52,91,0 CMYK 4,25,89,0	CMYK 0,96,73,0 CMYK 0,0,0,0 CMYK 0,52,58,0
CMYK 50,92,44,1 CMYK 29,14,86,0 CMYK 66,56,95,15	CMYK 25,47,33,0 CMYK 7,0,49,0 CMYK 70,63,23,0
CMYK 0,74,49,0 CMYK 10,0,83,0 CMYK 74,31,12,0	CMYK 78,28,14,0 CMYK 23,18,17,0 CMYK 0,74,49,0

活泼、生动

CMYK 0,74,49,0 CMYK 8,0,65,0 CMYK 48,4,72,0	CMYK 70,63,23,0 CMYK 0,0,0,0 CMYK 0,54,29,0
CMYK 0,52,91,0 CMYK 30,0,89,0 CMYK 27,88,0,0	CMYK 48,3,91,0 CMYK 0,0,0,0 CMYK 0,73,92,0
CMYK 0,52,91,0 CMYK 10,0,83,0 CMYK 78,28,14,0	CMYK 26,17,47,0 CMYK 27,88,0,0 CMYK 49,3,100,0
CMYK 0,73,92,0 CMYK 8,0,65,0 CMYK 80,23,75,0	CMYK 25,99,37,0 CMYK 79,24,44,0 CMYK 4,26,82,0

运动、轻快

CMYK 0,74,49,0 CMYK 10,0,83,0 CMYK 89,60,26,0	CMYK 0,52,58,0 CMYK 0,0,0,0 CMYK 87,59,0,0
CMYK 0,52,91,0 CMYK 4,0,28,0 CMYK 83,59,25,0	CMYK 25,71,100,0 CMYK 29,15,82,0 CMYK 83,59,25,0
CMYK 48,3,91,0 CMYK 0,74,49,0 CMYK 83,59,25,0	CMYK 83,59,25,0 CMYK 0,0,0,0 CMYK 45,9,23,0
CMYK 67,0,54,0 CMYK 10,0,83,0 CMYK 83,59,25,0	CMYK 77,23,100,0 CMYK 4,26,82,0 CMYK 83,59,25,0

华丽、动感

CMYK 48,3,91,0 CMYK 0,0,0,0 CMYK 78,28,14,0	CMYK 29,15,94,0 CMYK 0,52,80,0 CMYK 74,90,1,0
CMYK 0,96,73,0 CMYK 92,90,2,0 CMYK 29,15,94,0	CMYK 100,89,7,0 CMYK 10,0,83,0 CMYK 0,73,92,0
CMYK 52,100,39,1 CMYK 4,25,89,0 CMYK 25,100,80,0	CMYK 4,26,82,0 CMYK 92,90,2,0 CMYK 0,96,73,0
CMYK 0,96,73,0 CMYK 89,60,26,0 CMYK 10,0,83,0	CMYK 4,25,89,0 CMYK 79,24,44,0 CMYK 26,91,42,0

○ 狂野、充沛

CMYK 52,100,39,1 CMYK 10,0,83,0 CMYK 100,89,7,0	CMYK 25,100,80,0 CMYK 0,0,0,100 CMYK 100,89,7,0
CMYK 100,89,7,0 CMYK 10,0,83,0 CMYK 25,100,80,0	CMYK 25,92,83,0 CMYK 23,18,17,0 CMYK 100,91,47,9
CMYK 25,100,80,0 CMYK 79,74,71,45 CMYK 29,15,94,0	CMYK 0,0,0,100 CMYK 49,3,100,0 CMYK 25,100,80,0
CMYK 0,96,73,0 CMYK 79,74,71,45 CMYK 0,52,91,0	CMYK 52,100,39,0 CMYK 0,0,0,100 CMYK 80,23,75,0
CMYK 67,59,56,6 CMYK 0,73,92,0 CMYK 79,74,71,45	CMYK 45,92,84,11 CMYK 29,15,94,0 CMYK 73,92,42,5

○ 明快、明亮

CMYK 52,100,39,1 CMYK 4,25,89,0 CMYK 25,100,80,0	CMYK 4,26,82,0 CMYK 92,90,0,0 CMYK 0,96,73,0
CMYK 70,63,23,0 CMYK 10,0,83,0 CMYK 0,96,73,0	CMYK 0,96,73,0 CMYK 89,60,26,0 CMYK 10,0,83,0
CMYK 4,26,82,0 CMYK 79,24,44,0 CMYK 26,91,42,0	CMYK 0,96,73,0 CMYK 29,15,94,0 CMYK 89,60,26,0
CMYK 29,15,94,0 CMYK 0,52,80,0 CMYK 74,90,0,0	CMYK 0,52,80,0 CMYK 10,0,83,0 CMYK 89,60,26,0
CMYK 25,92,83,0 CMYK 0,29,14,0 CMYK 49,3,100,0	CMYK 100,89,7,0 CMYK 10,0,83,0 CMYK 0,73,92,0

○ 俏皮、花哨

CMYK 7,0,49,0 CMYK 0,0,0,40 CMYK 0,53,0,0	CMYK 0,74,49,0 CMYK 0,0,0,0 CMYK 75,26,44,0
CMYK 0,53,0,0 CMYK 100,89,7,0 CMYK 30,0,89,0	CMYK 60,0,52,0 CMYK 0,0,0,0 CMYK 26,72,17,0
CMYK 27,88,0,0 CMYK 0,28,41,0 CMYK 0,74,49,0	CMYK 0,29,14,0 CMYK 0,0,0,0 CMYK 50,92,44,0
CMYK 26,72,17,0 CMYK 10,0,83,0 CMYK 70,63,23,0	CMYK 26,72,17,0 CMYK 48,4,72,0 CMYK 73,92,42,5
CMYK 21,79,0,0 CMYK 26,17,47,0 CMYK 73,92,42,5	CMYK 22,54,28,0 CMYK 0,34,50,0 CMYK 0,24,74,0

○ 回味、优雅

CMYK 23,18,17,0 CMYK 26,47,0,0 CMYK 27,88,0,0	CMYK 0,29,14,0 CMYK 0,53,0,0 CMYK 24,21,0,0
CMYK 27,88,0,0 CMYK 62,82,0,0 CMYK 26,47,0,0	CMYK 47,40,4,0 CMYK 4,0,28,0 CMYK 0,29,14,0
CMYK 73,92,42,5 CMYK 23,18,17,0 CMYK 26,47,0,0	CMYK 0,54,29,0 CMYK 0,29,14,0 CMYK 0,53,0,0
CMYK 49,67,56,2 CMYK 26,47,0,0 CMYK 0,29,14,0	CMYK 25,47,33,0 CMYK 23,18,17,0 CMYK 0,29,14,0
CMYK 0,54,29,0 CMYK 50,68,19,0 CMYK 0,29,14,0	CMYK 50,68,19,0 CMYK 0,29,14,0 CMYK 26,47,0,0

○ 自然、安稳

CMYK 29,14,86,0 CMYK 7,0,49,0 CMYK 26,45,87,0	CMYK 25,46,62,0 CMYK 28,16,69,0 CMYK 65,31,40,0
CMYK 0,52,58,0 CMYK 47,64,100,6 CMYK 29,14,86,0	CMYK 28,16,69,0 CMYK 59,100,68,35 CMYK 25,71,100,0
CMYK 29,14,86,0 CMYK 67,55,100,15 CMYK 24,21,0,0	CMYK 26,45,87,0 CMYK 79,24,44,0 CMYK 4,26,82,0
CMYK 48,37,67,0 CMYK 26,17,47,0 CMYK 79,24,44,0	CMYK 46,6,50,0 CMYK 67,28,99,0 CMYK 82,51,100,15
CMYK 67,55,100,15 CMYK 50,36,93,0 CMYK 25,46,62,0	CMYK 59,100,68,35 CMYK 26,45,87,0 CMYK 26,17,47,0

○ 冷静、沉稳

CMYK 7,0,49,0 CMYK 46,6,50,0 CMYK 67,55,100,15	CMYK 47,65,91,6 CMYK 7,0,49,0 CMYK 48,4,72,0
CMYK 88,49,100,15 CMYK 61,0,75,0 CMYK 27,0,51,0	CMYK 88,49,100,15 CMYK 28,16,69,0 CMYK 24,0,31,0
CMYK 67,28,99,0 CMYK 29,14,86,0 CMYK 56,81,100,38	CMYK 67,55,100,15 CMYK 50,36,93,0 CMYK 25,46,62,0
CMYK 89,65,100,54 CMYK 67,28,99,0 CMYK 26,17,47,0	CMYK 88,49,100,15 CMYK 56,81,100,38 CMYK 28,16,69,0
CMYK 67,55,100,15 CMYK 7,0,49,0 CMYK 46,38,35,0	CMYK 88,49,100,15 CMYK 76,69,100,51 CMYK 26,17,47,0

温柔、优雅

CMYK 50,36,93,0 CMYK 4,0,28,0 CMYK 26,47,0,0	CMYK 25,46,62,0 CMYK 67,59,56,6 CMYK 25,47,33,0
CMYK 26,17,47,0 CMYK 79,74,71,45 CMYK 53,66,0,0	CMYK 26,17,47,0 CMYK 67,59,56,6 CMYK 25,47,33,0
CMYK 50,68,19,0 CMYK 26,17,47,0 CMYK 65,31,40,0	CMYK 25,46,62,0 CMYK 46,38,35,0 CMYK 67,59,56,6
CMYK 76,24,72,0 CMYK 23,18,17,0 CMYK 50,68,19,0	CMYK 73,92,42,5 CMYK 46,38,35,0 CMYK 24,21,0,0
CMYK 50,68,19,0 CMYK 47,40,4,0 CMYK 24,21,0,0	CMYK 26,17,47,0 CMYK 46,38,35,0 CMYK 56,81,100,38

稳重、古典

CMYK 64,34,10,0 CMYK 73,92,42,5 CMYK 26,17,47,0	CMYK 45,100,78,12 CMYK 29,0,69,0 CMYK 0,52,91,0
CMYK 70,63,23,0 CMYK 59,100,68,35 CMYK 46,6,50,0	CMYK 56,81,100,38 CMYK 0,52,91,0 CMYK 8,0,65,0
CMYK 45,100,78,12 CMYK 89,69,100,14 CMYK 29,15,94,0	CMYK 59,100,68,35 CMYK 50,36,93,0 CMYK 77,100,0,0
CMYK 50,92,44,0 CMYK 29,14,86,0 CMYK 66,56,95,15	CMYK 47,64,100,6 CMYK 28,16,69,0 CMYK 66,56,95,15
CMYK 81,21,100,0 CMYK 27,44,99,0 CMYK 67,59,56,6	CMYK 66,56,95,15 CMYK 29,14,86,0 CMYK 26,91,42,0

厚重、品位

CMYK 4,0,28,0 CMYK 60,0,90,0 CMYK 83,55,59,8	CMYK 83,55,59,8 CMYK 47,65,91,6 CMYK 29,14,86,0
CMYK 82,51,100,15 CMYK 45,100,78,12 CMYK 0,28,41,0	CMYK 92,92,42,9 CMYK 65,31,40,0 CMYK 47,64,100,6
CMYK 45,92,84,11 CMYK 25,46,62,0 CMYK 89,65,100,54	CMYK 83,55,59,8 CMYK 26,17,47,0 CMYK 92,92,42,9
CMYK 56,81,100,38 CMYK 50,36,93,0 CMYK 89,65,100,54	CMYK 73,92,42,5 CMYK 67,59,56,6 CMYK 92,92,42,9
CMYK 50,36,93,0 CMYK 45,100,78,12 CMYK 26,47,0,0	CMYK 92,92,42,9 CMYK 45,100,78,12 CMYK 23,18,17,0

洁净、高雅

CMYK 23,18,17,0 CMYK 0,0,0,0 CMYK 70,63,23,0	CMYK 29,0,69,0 CMYK 0,0,0,0 CMYK 100,91,47,9
CMYK 43,12,0,0 CMYK 0,0,0,0 CMYK 83,59,25,0	CMYK 29,14,86,0 CMYK 0,0,0,0 CMYK 83,59,25,0
CMYK 74,34,0,0 CMYK 4,0,28,0 CMYK 70,63,23,0	CMYK 48,3,91,0 CMYK 23,18,17,0 CMYK 0,0,0,100
CMYK 23,18,17,0 CMYK 100,91,47,9 CMYK 43,12,0,0	CMYK 78,28,14,0 CMYK 29,0,69,0 CMYK 67,59,56,6
CMYK 74,31,12,0 CMYK 100,91,47,9 CMYK 23,18,17,0	CMYK 38,13,0,0 CMYK 38,18,2,0 CMYK 38,27,0,0

简单、时尚

CMYK 43,12,0,0 CMYK 0,17,46,0 CMYK 67,59,56,6	CMYK 83,55,59,8 CMYK 0,0,0,0 CMYK 46,38,35,0
CMYK 78,28,14,0 CMYK 0,0,0,0 CMYK 67,59,56,6	CMYK 46,38,35,0 CMYK 23,18,17,0 CMYK 83,55,59,8
CMYK 23,18,17,0 CMYK 46,38,35,0 CMYK 73,92,42,5	CMYK 67,59,56,6 CMYK 23,18,17,0 CMYK 64,34,10,0
CMYK 46,38,35,0 CMYK 0,0,0,0 CMYK 92,92,42,9	CMYK 65,31,40,0 CMYK 23,18,17,0 CMYK 67,59,56,6
CMYK 46,38,35,0 CMYK 23,18,17,0 CMYK 0,0,0,100	CMYK 46,38,35,0 CMYK 23,18,17,0 CMYK 0,0,0,0

简洁、进步

CMYK 92,92,42,9 CMYK 48,3,91,0 CMYK 83,59,25,0	CMYK 46,38,35,0 CMYK 100,91,47,9 CMYK 65,31,40,0
CMYK 100,89,7,0 CMYK 27,0,51,0 CMYK 79,74,71,45	CMYK 50,36,93,0 CMYK 83,59,25,0 CMYK 79,74,71,45
CMYK 67,59,56,6 CMYK 48,3,91,0 CMYK 100,91,47,9	CMYK 46,38,35,0 CMYK 83,59,25,0 CMYK 79,74,71,45
CMYK 83,60,0,0 CMYK 28,16,69,0 CMYK 79,74,71,45	CMYK 64,34,10,0 CMYK 89,60,26,0 CMYK 0,0,0,100
CMYK 100,91,47,9 CMYK 23,18,17,0 CMYK 89,60,26,0	CMYK 0,0,0,100 CMYK 46,38,35,0 CMYK 100,91,47,9